中国地质大学(武汉)实验教学系列教材
中国地质大学(武汉)秭归教学基地

地球化学专业实习指导书
DIQIU HUAXUE ZHUANYE SHIXI ZHIDAOSHU

凌文黎　李方林　编著

中国地质大学出版社有限责任公司
ZHONGGUO DIZHI DAXUE CHUBANSHE YOUXIAN ZEREN GONGSI

图书在版编目(CIP)数据

地球化学专业实习指导书/凌文黎,李方林编著. —武汉:中国地质大学出版社有限责任公司,2013.5

中国地质大学(武汉)实验教学系列教材

ISBN 978 - 7 - 5625 - 3082 - 4

Ⅰ.①地…

Ⅱ.①凌…②李…

Ⅲ.①地球化学-教育实习-高等学校-教材

Ⅳ.①P59 - 45

中国版本图书馆 CIP 数据核字(2013)第 090136 号

地球化学专业实习指导书	凌文黎　李方林　编著
责任编辑:胡珞兰	责任校对:戴　莹

出版发行:中国地质大学出版社有限责任公司(武汉市洪山区鲁磨路388号)	邮政编码:430074
电　　话:(027)67883511　　　　传　　真:67883580	E - mail:cbb @ cug. edu. cn
经　　销:全国新华书店	http://www. cugp. cug. edu. cn

开本:787 毫米×1 092 毫米 1/16	字数:90 千字　　　　印张:3.5
版次:2013 年 5 月第 1 版	印次:2013 年 5 月第 1 次印刷
印刷:武汉珞南印务有限公司	印数:1-1 000 册

ISBN 978 - 7 - 5625 - 3082 - 4	定价:8.00 元

如有印装质量问题请与印刷厂联系调换

　　野外地质观察和工作方法应用是地球科学研究的基石,在地球化学学科中具有突出的重要地位。

　　本实习指导书以地球化学系教师在长江峡东地区开展教学和科研工作的长期积累为基础,针对地球化学专业高年级本科学生和本科非地学的研究生新生野外教学实习的需要而编写。通过三年课堂上地球科学专业课程,尤其是《地球化学》和《勘查地球化学》的系统理论学习,同学们对各专业课程基本理论和原理已有了基本的了解,因此需要掌握其在野外地质工作中的应用方法和规范要求。地球化学注意将地质问题和地质现象转化为地球化学问题和地球化学现象,在获得地球化学认识后,又能将地球化学观点转化为地质观点。因此,野外地质工作是地球化学研究工作中的重要环节。

　　与北戴河的地质感受和周口店的基础地质实习不同,本次实习的重点是突出地球化学专业野外工作的观察方法和方法应用规范的教学,其主要内容包括两个方面:基础地质研究的现象观察,提出地质问题和设计野外工作方法;勘查地球化学不同方法的原理、适用对象和野外工作规范。

　　峡东地区是华南陆块地质现象十分丰富的地区,出露了不同时代的重要地质单元,包括太古宙—古元古代高级变质的结晶基底、扬子陆块陆核区著名的新元古代侵入杂岩体、华南地区新元古代至古生代众多层型剖面等。这些地质单元记录了许多具全球背景的重大地质事件,包括太古宙特殊岩性特征的地壳生长、发生于新元古代的"雪球事件"、新元古代—早古生代的"缺氧事件"与多金属成矿作用和寒武纪古生物"大爆发"等。如何观察这些地质记录并提出地质问题,以及有针对性地设计地球化学的研究思路和野外样品采集方法,将是本实习的主要内容。

　　勘查地球化学应用是我校地球化学学科教学的重要特色,已为我国多行业单位培养了大量的勘查地球化学人才,因此,开展系统的野外地质工作方法实习是地球化学专业教学的重要内容。峡东地区各种地质景观发育,实习区内分布有多种金属矿产,为开展不同方法的勘查地球化学方法实习提供了良好的条件。

　　本实习指导书以上述思想为基础,对区域地质特征和前人研究成果进行了介绍,据此设计了不同的实习路线;对不同景观条件下手勘查地球化学方法原理和野外应用规范进行了详细的说明。

　　本实习指导书的编写是建立在地球化学系师生多年工作成果的基础之上,指导书编写主要完成人有凌文黎、李方林、乔胜英和任利民等,高永娟博士、马倩和杨东硕士及研究生张亚男为本实习指导书的编写承担了部分图件绘制和基础地质资料的整理工作。

· Ⅰ ·

目　　录

第一章　教学目的和实习内容…………………………………………………（1）

第二章　秭归地区基本概况………………………………………………………（3）

　　一、自然地理…………………………………………………………………（3）

　　二、旅游资源…………………………………………………………………（3）

　　三、文化………………………………………………………………………（4）

　　四、农业………………………………………………………………………（4）

　　五、资源………………………………………………………………………（5）

　　六、历史………………………………………………………………………（5）

第三章　区域地质特征……………………………………………………………（6）

　　一、地层………………………………………………………………………（7）

　　二、岩浆岩……………………………………………………………………（16）

　　三、矿产………………………………………………………………………（20）

第四章　勘查地球化学野外工作方法与规范……………………………………（29）

　　一、区域化探（或称战略踏勘性化探）……………………………………（29）

　　二、地球化学普查（或称普查化探）………………………………………（29）

　　三、地球化学详查或异常检查（或称详查化探）…………………………（33）

　　四、野外工作质量检查………………………………………………………（34）

　　五、GPS 的使用………………………………………………………………（34）

第五章　教学与科研成果简介……………………………………………………（38）

　　一、南华纪—寒武纪地层风化过程元素和 Sr－Nd 同位素地球化学行为与意义………
　　………………………………………………………………………………（38）

　　二、扬子克拉通核部中元古代—古生代沉积地层 Nd 同位素演化特征及其地质意义…
　　………………………………………………………………………………（43）

　　三、长江宜昌段水系沉积物镉（Cd）高值带成因…………………………（44）

主要参考文献………………………………………………………………………（48）

第一章 教学目的和实习内容

1.教学目的

本次教学实习的对象为地球化学专业本科三年级学生和非地质类研究生,实习地点为秭归县及周边地区(黄陵地区)。

本次教学的目的是在地质基础课、地球化学专业基础课三年室内理论教学和北戴河、周口店野外教学的基础上,针对地球化学野外工作方法开展的教学实习。通过本次实习,以期达到将室内教学所学习的地球化学和勘查地球化学基本原理与野外地质工作方法相联系的教学目的。

实习区的秭归县位于湖北省宜昌地区境内,位处扬子克拉通(或称华南陆块)古老结晶基底核部,新生代穹隆构造使得区域内较完整地出露了从太古宙至显生宙不同性质的地层和岩浆岩地质单元;长江峡东地区地形深度切割的有利条件使其成为我国华南新元古代至古生代地层众多标准地层剖面的所在地。因此,了解华南陆块不同时代主要地质单元的地质特征也是本次实习的另一项重要目的。

2.实习内容

教学实习的内容主要由3个部分组成:区域地质特征、基础地球化学和勘查地球化学野外工作方法。

区域地质特征的实习内容包括华南太古宙—古元古代陆核高级变质区岩石组成与空间分布;华南陆块南华纪—震旦纪地层划分与岩性特征;古生代地层组成与岩性特征;古元古代双峰式岩浆岩系及新元古代黄陵侵入杂岩体接触关系和岩性特征等。

基础地球化学的实习内容主要包括地层地球化学研究的野外观察与样品采集方法,岩浆岩的野外观察与样品采集方法,地层和侵入岩风化壳剖面观察与样品采集方法等。

在区域地质特征和基础地球化学工作方法的实习过程中,将基于所观察到的实际地质现象,提出基础地质问题,并针对所提出的问题设计出地球化学研究思路和与之相对应的野外地质—地球化学工作方法。

勘查地球化学的实习内容主要有矿区外围勘查地球化学土壤采样方法、水系沉积物采样野外工作方法、农业地球化学土壤样品采样方法、水化学样品野外工作等。将着重要求学生掌握对样品采集的规范和要求,以及针对研究目标的地球化学指标设计,让学生了解并训练其现场—室内主要分析手段。

3.实习路线简介

秭归地区地球化学野外教学实习路线主要特征与内容如表1-1所示。

表 1-1 秭归教学基地地球化学实习主要路线和实习内容

序号	路线	实习时间（天）	观察内容
1	兰陵溪—九曲脑	1	1. 黄陵侵入杂岩体与太古宙—古元古代崆岭杂岩的接触关系 2. 崆岭杂岩岩性特征（局部） 3. 南华纪—震旦纪地层划分及岩性特征 4. 早古生代地层岩性特征
2	泗溪景区	2	1. 古生代地层划分及各组地层岩性特征 2. 寒武纪地层剖面实测 3. 缺氧事件的地质记录及研究意义 4. 化探岩石样品采样（1：10 000） 5. 南华纪—震旦纪地层划分及岩性特征
3	客运码头	1	1. 黄陵侵入杂岩体的岩性特征 2. 岩浆岩地球化学样品采集方法 3. 风化壳剖面及样品采集方法 4. 新元古代岩浆事件的研究意义
4	月亮包金矿	2	1. 金矿产出的区域构造-岩浆作用背景 2. 月亮包金矿矿石、矿床的特点 3. 矿山企业日常管理：采、选、冶、尾矿处理 4. 汞气测量野外工作方法 5. 水系沉积物采样方法 6. 重砂测量野外工作方法
5	陈家坝（月亮包）	1	1. 土壤测量野外工作规范 2. 过河口地区月亮包1：50 000 土壤测量设计及采样
6	水化学分析样品采集与测量	1	1. 沿泗溪路线不同基岩和出露特征，包括碳酸盐岩地层、碎屑沉积岩地层、岩浆岩、第四纪地层和背景区（长江） 2. 水化学样品的采集方法 3. 水化学分析方法

第二章　秭归地区基本概况[①]

秭归县位于湖北省西部,川、鄂交界的长江西陵峡两岸,三峡大坝工程坝上库首。面积 2 427km²,人口 42.3 万人,以汉族为主(截至 2005 年 12 月 31 日)。秭归县辖 7 个镇、5 个乡,共有 6 个居委会、186 个村委会;县人民政府驻茅坪镇。

一、自然地理

秭归县地理坐标为东经 110°18′—111°0′,北纬 30°38′—31°11′。东西最大距离 66.1km,南北最大距离 60.6km。秭归县位于大巴山、巫山余脉和八面山坳合地带。长江流经巴东县破水峡入境,横贯县境中部,流长 64km,于茅坪河口出境,把秭归县分为南、北两部分,构成独特的长江三峡山地地貌。境内地形起伏,层峦叠嶂,地势为四面高、中间低,呈盆地形。东部边境扇子山海拔 1 920m;南部边境云台荒海拔 2 057m(县境最高峰),茅坪河口海拔 40m(县境最低点)。

通过移民迁建、扶贫等工程建设,秭归水陆交通发达、纵横交错。全县公路通车里程大于 2 000km,有 7 条出境公路通达全国各地。三峡水库蓄水发电后,秭归县城已成为渝东鄂西的交通咽喉和物资集散地。

秭归县属鄂西南山区,属亚热带季风气候,年平均气温不小于 10℃,年最冷月平均温度为 6.5℃,年无霜期为 306 天,降雨量为 1 000mm 左右,空气相对湿度 72%,年日照时数 1 631.5 小时,是湖北著名的冬暖区和甜橙栽培的最适宜区。三峡工程建成后,冬季平均增温 0.3~1.3℃,夏季平均降温 0.9~1.2℃,气候条件将更有利于脐橙生长。

二、旅游资源

秭归山川秀丽,风景如画。西陵峡雄奇壮美,兵书宝剑峡、牛肝马肺峡、崆岭峡驰名天下,还有清澈的香溪河、俊秀的四溪竹、惊险刺激的九畹溪探险漂流、传奇的道教五指山、神秘的古悬棺更是为中外游客为之倾倒。其自然景观与人文景观交相辉映,令人流连忘返。秭归县名胜古迹还有乐平里屈原故里、屈原庙、读书洞、照面镜等。随着三峡工程的兴建,距大坝 1km 处的秭归新县城已建成集三峡大坝雄姿、高峡平湖风光、屈原故里风情、库区移民新城为一体的旅游观光胜地和三峡地区最大的游客集散中心。

秭归水陆交通发达,向西有小三峡漂流,东到三峡大坝、葛州坝、三国古战场游览,南去长阳清江巴人故乡做客,北去昭君故里及神农架探秘。

---

① 据"百度百科:http://baike.baidu.com/view/48939.htm"修改。

三、文化

秭归文化底蕴丰富。秭归是世界文化名人、伟大浪漫主义诗人屈原的故乡,是历史上四大美女之一的王昭君故里,是楚文化发祥地之一。

秭归县是端午习俗及龙舟文化的发祥地。千百年来,秭归人民为纪念屈原形成了独特的岁时节令习俗,即屈原故里端午习俗。境内现存许多关于屈原的遗迹和传说,如屈原祠、衣冠冢、屈原纪念馆、屈原故里牌坊和乐平里的"三闾八景",以及纪念屈原的龙舟竞渡、民俗歌舞等。屈原故里端午习俗已被列入全国非物质文化遗产保护名录。秭归端午民俗形成于先秦、发展于汉末魏晋、兴盛于唐,一直延续到现在。所包含的礼俗及文化元素十分丰富。主要有祭奠屈原,在五月初五,众人聚集屈原庙或岸边,设祭坛,拜祭屈原;游江招魂,五月初五或五月十五,龙舟游江,唱《游江》,呼唤屈子魂归;龙舟竞渡,各异龙舟争相前进,场面十分壮观,成为融民族性、竞争性、娱乐性于一体的文化体育活动;骚坛诗会,自明代起,屈原诞生地秭归乐平里,由读过私塾的农民自发组织,每逢端午便聚于屈原庙吟诵楚辞或相互诗词唱和,欢度端午并纪念屈原。端午习俗还有吃粽子,喝雄黄酒,挂艾蒿、菖蒲,扎香袋(包),食盐蛋,稻场娱乐等。

四、农业

秭归县受山区立体气候影响,农作物呈垂直分布,农产品品种丰富。粮食作物主要品种有水稻、玉米、小麦、蚕豆、大豆、马铃薯、红薯七大类;油料作物主要品种有油菜、花生、芝麻;多种经济作物有柑橘、茶叶、板栗、银杏、烟叶、小水果、蔬菜,以及蕨菜、薇菜、香椿等野生菜;养殖业有生猪、牛、羊、鱼类。其中尤以柑橘品种储藏最为丰富,通过地方选育与引进,储藏柑橘品种已达80个左右。

全县土地面积24.27万 hm^2(1 hm^2 = $10^4 m^2$),耕地面积2.39万 hm^2,多以荒山林地为主,是一个典型的山区农业县,通过多年的努力,已基本形成了高山烤烟和反季节蔬菜、中山茶叶和板栗,低山柑橘的多种经济作物基地化格局。到2002年底已建成具有一定规模的专业村276个,其中柑橘149个、烤烟43个、板栗69个、茶叶25个、梨子4个、银杏8个,其他2个(其中同项目村24个)。高效经济林总面积达25.56万亩(1亩 = 666.66 m^2)。种植柑橘的农户4.8万户、面积12万亩,其中脐橙9万亩,年产优质脐橙8万t,年产脐橙万斤(1斤 = 0.5kg)以上的大户约4 000户;种植板栗的农户2.7万户、面积3万亩,年产板栗200万千克;种植茶叶的农户达1.5万户、面积3万亩,年产干茶76万千克;种植烤烟的农户8 000户、面积3万亩,年产烤烟6万担;发展蔬菜面积8万亩。以磨坪、杨林桥等乡镇为主,还发展了银杏、杜仲近2万亩。其中仅柑橘和烤烟两大项每年就为农民提供现金收入1.5亿元,提供农业特产税1 000万元以上。

秭归县于1995年就被命名为"中国脐橙之乡",随着柑橘品质不断提高,日益成为享誉国内外的品牌。选育的地方良种桃叶橙、引进品种罗伯逊脐橙、纽荷尔脐橙多次获部优产品称号和国际农业博览会金奖,夏橙花果同树、四月飘香,新引进的福罗斯特脐橙、红肉脐橙成为市场的宠儿。

五、资源

森林资源丰富,有松、杉、柑橘、油桐等。有三峡橘乡之称,以脐橙、夏橙、桃叶橙闻名,食品加工业以橙汁产品为主。矿藏资源有煤、铁、铜、磷、硅石、重晶石等,尤以煤炭质好。

六、历史

秭归殷商时代为归国所在地,西周为夔子国,战国后期称归乡,西汉置秭归县(公元2年)。秭归是伟大诗人屈原的故乡,县名因屈原而来。《水经注》载:"屈原有贤姊,闻原放逐,亦来归……因名曰秭归。""秭"由"姊"演变而来。

北周建德六年置秭归郡,避郡县同名改秭归县为长宁县。隋开皇三年置下诸郡,改长宁县为秭归县。唐武德二年(公元619年)置归州,辖秭归、巴东两县,次年辖秭归、巴东、兴山三县。天宝元年(公元742年)改置巴东郡、治秭归。乾元年(公元758年)复置归州。宋代仍名归州。

元至元十四年(1277年)升为归州路,隶湖广行中书省,十六年(1279年)降为州。明洪武九年(1376年)废归州置秭归县,隶夷陵州。十年(1377年)再改秭归为长宁县,十三年(1380年)裁长宁县复置归州,辖兴山、巴东两县。

清雍正七年(1729年)升归州为直隶州,隶湖北省,辖长阳、兴山、巴东、恩施四县并容美、龙潭19个土司。十三年(1735年)降为县级州,属宜昌府,不再辖县。中华民国元年(公元1912年)改为秭归县。

1949年属宜昌专区,1959年属宜都工业区,1961年复属宜昌专区,1970年属宜昌地区,1992年属宜昌市,1998年秭归县县城正式搬迁至茅坪镇。

第三章　区域地质特征

扬子克拉通东南缘沿新元古代早期约900Ma江南造山带与华夏陆块拼合,组成了统一的华南陆块。扬子克拉通北部沿秦岭-大别造山带与华北克拉通相隔,西部沿龙门山断裂带与松潘-甘孜褶皱带相邻。扬子克拉通广泛发育新元古代晚期至显生宙盖层,导致其基底岩系的出露十分有限。扬子克拉通核部发育了典型的穹隆构造,称"黄陵背斜"。其中央部分出露了太古宙—古元古代基底(崆岭高级变质岩)和新元古代黄陵侵入杂岩体岩基,故秭归县及其周边所处的扬子克拉通核部通常被称为黄陵地区或崆岭地区。

黄陵背斜呈近南北向,其穹隆构造导致核部出露了前寒武纪早期基底地质及侵入其中的新元古代黄陵侵入杂岩体。这些地质单元被新元古代晚期至显生宙地层覆盖,分布于黄陵背斜的周边地区(图3-1)。

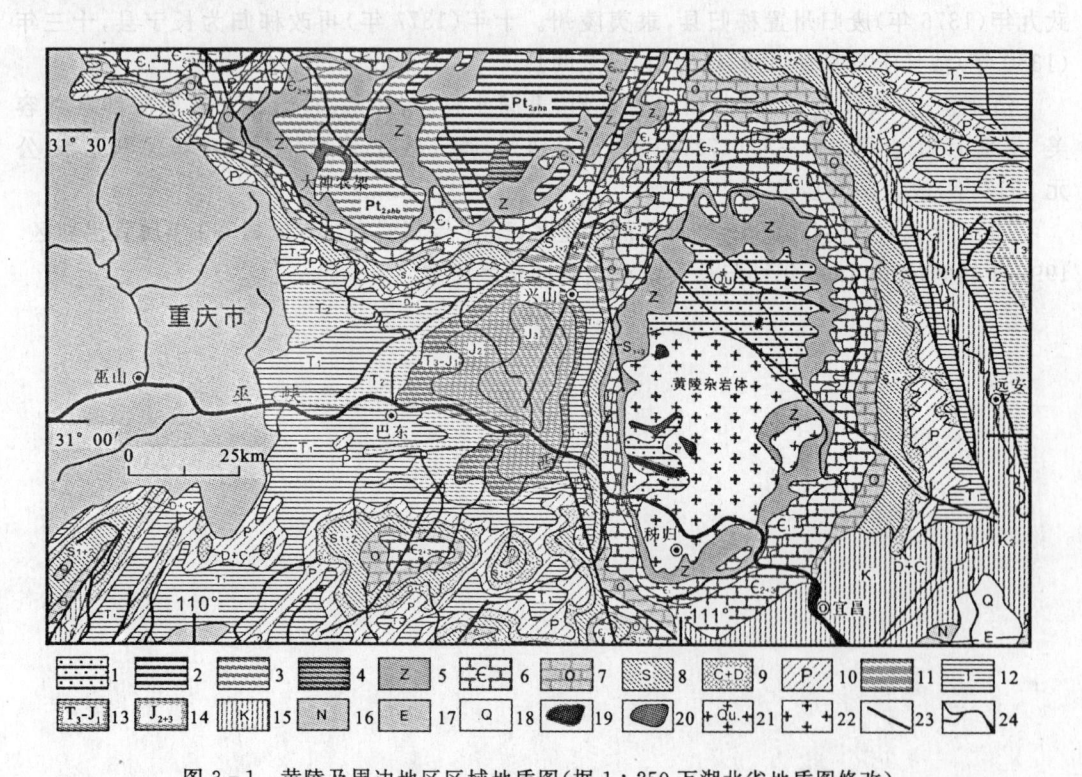

图3-1　黄陵及周边地区区域地质图(据1∶250万湖北省地质图修改)

1. 崆岭杂岩;2. 中元古代神农架群下部;3. 中元古代神农架群上部;4. 新元古代马槽园群;5. 南华系—震旦系;
6. 寒武系;7. 奥陶系;8. 志留系;9. 泥盆系—石炭系;10. 二叠系;11. 古生界;12. 三叠系;13. 上三叠统—下侏罗统;
14. 中—上侏罗统;15. 白垩系;16. 古近系;17. 新近系;18. 第四系;19. 橄榄质侵入体;20. 基性侵入岩;
21. 圈椅埫钾长花岗岩体;22. 黄陵侵入杂岩体;23. 断裂;24. 水系。

一、地层[①]

位于扬子克拉通核部的峡东地区出露了华南陆块较完整的各时代地层,其中最古老的基底岩系为崆岭变质杂岩(也称崆岭岩群)。崆岭变质杂岩出露面积 $624km^2$,变质原岩的形成时代为太古宙至古元古代,主要岩性由 TTG[②] 片麻岩、斜长角闪岩、副变质岩和少量花岗质片麻岩、大理岩组成。中元古代地层为力耳坪岩组和神农架群,而新元古代为南华系—震旦系。古生代地层主要有寒武纪、志留纪、奥陶纪,及少量的泥盆纪、石炭纪和二叠纪。中生代三叠纪和侏罗纪地层主要分布于区域西侧,也是脐橙等水果的主要种植区(图 3-1、图 3-2)。

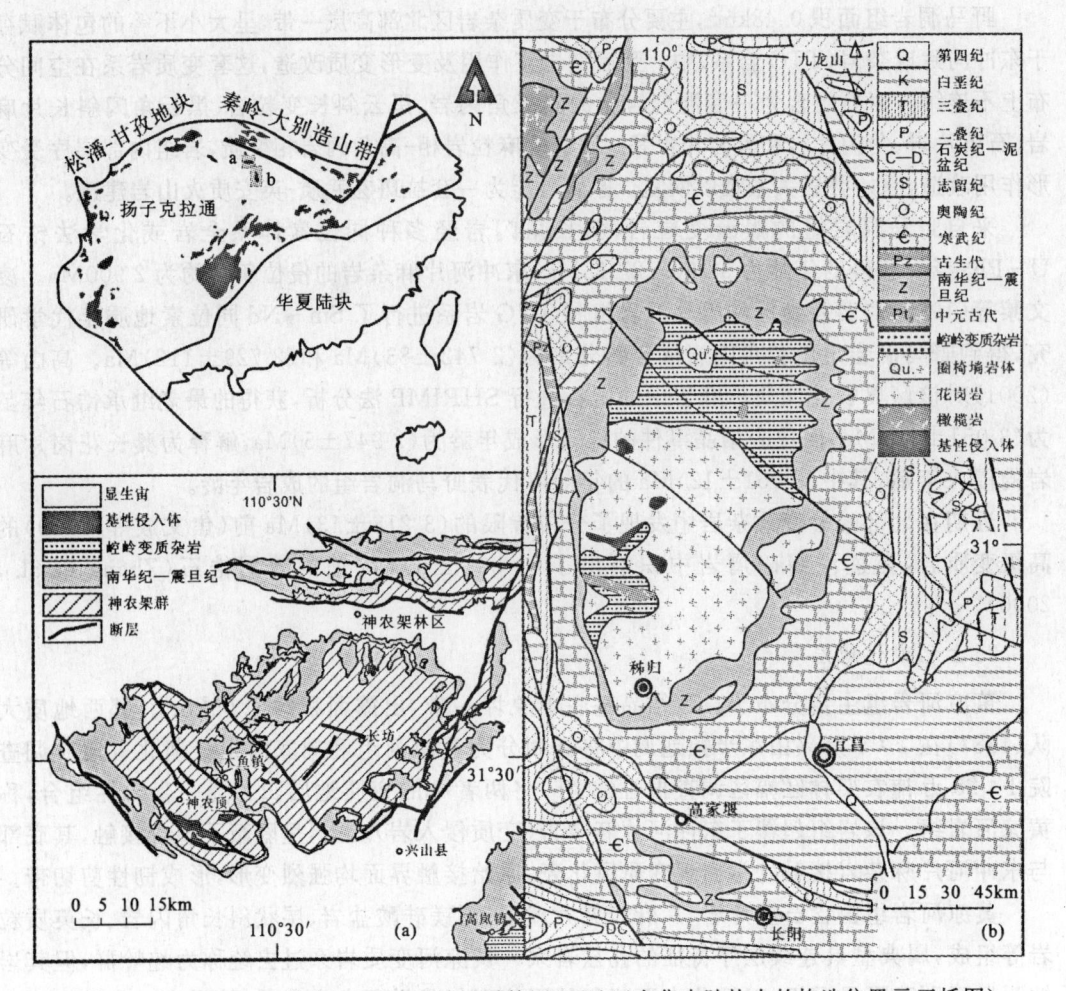

图 3-2 神农架(a)和黄陵地区(b)区域地质简图(两地区在华南陆块中的构造位置示于插图)

[(a)和(b)据刘成新等(2004)和湖北省地质矿产局(1990)修改;插图据 Sun et al.,2008]

[①] 部分内容据宜昌地质矿产研究所(1987)、湖北省地质矿产局(1990)和刘成新(2004)综合。

[②] TTG:由奥长花岗岩(Trondhjemite)、英云闪长岩(Tonalite)、花岗闪长岩(Granodiorite)组成。

(一)前寒武纪地层

1.中—新太古代地层

黄陵地区崆岭变质杂岩主要由太古宙高级变质岩系组成。崆岭变质杂岩最初称崆岭片岩(李四光,1924),原北京地质学院(1960)开展1:20万区调时将南部变质岩系称为崆岭群,自下而上划分为古村坪组、小鱼村组和庙湾组,时代划归前震旦纪。湖北省区测队(1984)将北部变质岩系按接触关系和混合岩化程度划分为下组、中组和上组(1:20万巴东幅区调),并统称为崆岭群。鄂西地质大队(1987)在开展1:5万水月寺幅、兴山东半幅调查时,在北部变质岩区新建了"水月寺群",将其归属为新太古代—古元古代,由下至上划分为野马洞组、黄凉河组、周家河组。

野马洞岩组面积0.48km²,主要分布于变质杂岩区北部高岚一带,呈大小不等的包体赋存于东冲河片麻杂岩(TTG岩系)中。受后期岩浆作用及变形变质改造,这套变质岩系在空间分布上不连续。岩石组合为一套混合岩化的斜长角闪岩、黑云斜长变粒岩、黑云角闪斜长片麻岩、石英片岩、角闪片岩和黑云片岩等。因遭受麻粒岩相-高角闪岩相变质,岩组内部层序受变形作用改造,原始叠置关系难以恢复。原岩可能为一套拉斑玄武质-英安质火山岩建造。

采自野马洞岩组的黑云变粒岩、斜长角闪岩经多种同位素体系全岩或化学法锆石U-Pb定年,获得的年龄为3 166~2 913Ma,东冲河片麻杂岩的侵位年龄约为2 900Ma。凌文黎等(1998)对黄陵地区的野马洞岩组和TTG岩系进行了Sm-Nd同位素地质年代学研究,得到野马洞岩组斜长角闪岩法年龄分别为(2 742±83)Ma和(2 729±112)Ma。高山等(2001)对该区奥长花岗质片麻岩中的锆石进行SHRIMP法分析,获得的最老继承锆石年龄为(3 051±12)Ma,而代表结晶事件的锆石形成年龄为(2 947±5)Ma,解释为奥长花岗片麻岩的侵入年龄,其中(3 051±12)Ma的年龄可代表野马洞岩组的成岩年龄。

近期在北部崆岭变质杂岩中发现了分布有限的(3 218±13)Ma前(焦文放等,2009)的高级变质岩,在莲沱组碎屑岩中识别出了(3 802±8)Ma前的碎屑锆石(Zhang et al.,2006)。

2.古元古代地层

黄凉河岩组主要分布于黄陵结晶基底羊象坪一带,出露面积约1.05km²。鄂西地质大队(1987)在1:5万兴山东半幅地调中将其划分为黄凉河组和周家河组。湖北省地质调查院1:25万神农架林区幅区调查报告(2005)将两者中的变质地层归并为一套岩性组合,称黄凉河岩组。该岩组超覆于东冲河片麻杂岩(变质侵入岩)之上,呈隐蔽不整合接触,其底部与东冲河片麻杂岩接触处常出现变质风化壳,原始接触界面均强烈变形,形成韧性剪切带。

黄凉河岩组由含石墨片岩、片麻岩夹大理岩、钙镁硅酸盐岩、层状斜长角闪岩、长英质粒岩等组成,属典型具连续层序特征的孔兹岩系。黄凉河变质岩系过去统称为崆岭群,但其岩性明显区别于野马洞组,对这些岩石开展的同位素年代学研究也表明,其形成时代多为中古元古代,Rb-Sr年龄(李福喜等,1987)为1 900~1 800Ma和化学法锆石年龄为2 300~1 800Ma。

3.中元古代地层

中元古代地层分布于黄陵结晶基底和神农架褶皱基底,前者为一套中深变质岩系称力耳坪岩组,后者为极浅变质地层称神农架群(图3-3)。

1)黄陵结晶基底中元古代力耳坪岩组

力耳坪岩组由宜昌地质勘探大队胡正祥等(1993)建立,为一套基—中酸性火山碎屑岩、陆源碎屑岩组合。湖北省地质调查院在1:25万荆门市幅地调中将力耳坪岩组定义为一套斜长角闪岩,夹少量黑云斜长片麻岩的岩石组合,并认为黄陵结晶基底南部崆岭群庙湾组与力耳坪岩组属同物异名。

前人将黄陵北部变质地层的水月寺群划分出古元古代黄凉河岩组和中元古代力耳坪岩组;南部变质地层称为崆岭群,时代为中元古代,划分为古村坪组、小鱼村组和庙湾组。湖北省地质调查院(2005)在1:25万神农架林区幅区调中将古村坪组也重新命名为力耳坪岩组。

力耳坪岩组分布于黄陵结晶基底北部高岚镇和南侧竹林湾一带,出露面积约3.05km²。地层在高岚镇一带呈北西向展布,与下伏东冲河片麻杂岩呈隐蔽不整合接触,其上为青白口纪孔子河组角度不整合覆盖。竹林湾一带呈北东向孤立残片状残留于新元古代黄陵花岗岩中。

力耳坪岩组岩性单一,北部高岚镇一带,为一套厚层细粒斜长角闪岩、绿帘斜长角闪岩、绿帘角闪(片)岩夹黑云斜长片麻岩、变粒岩。南侧竹林湾一带,岩性以黑云斜长片麻岩、变粒岩、斜长角闪岩为主,斜长角闪岩常呈夹层或透镜体分布于黑云斜长片麻岩中。

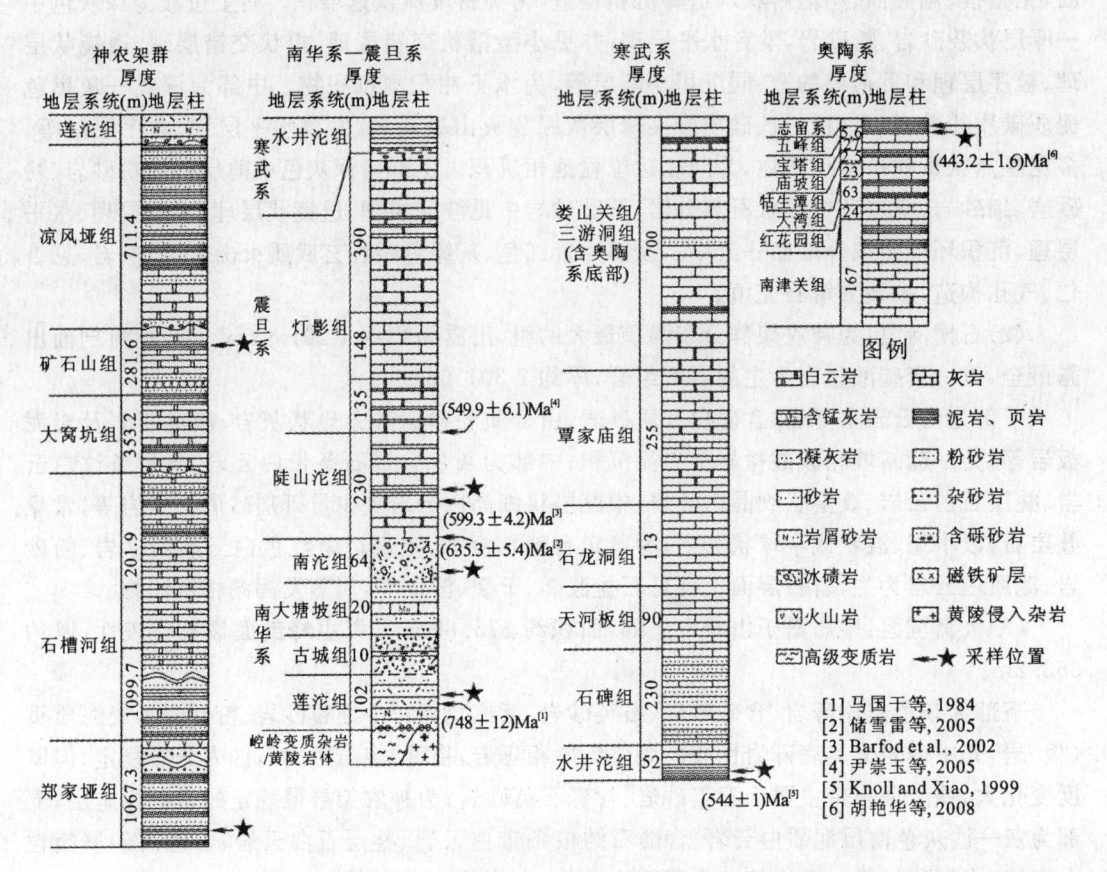

图3-3 神农架—黄陵地区中元古代—早古生代地层柱状图

[神农架群据刘成新等(2004)修改;黄陵地区地层据宜昌地质矿产研究所(1987)修改;
采样位置指白晓等(出版中)的泥质岩样品采样位置,见第五章]

在地质特征上，力耳坪岩组与下伏古元古代黄凉河岩组呈不整合接触，在高岚一带被青白口纪孔子河组角度不整合覆盖，竹林湾一带被新元古代花岗岩侵入，其时代被定为中元古代。前人在黄陵杂岩南部庙湾组斜长角闪岩中获得的 Sm－Nd 等时线年龄为（1 606±81）Ma（胡正祥，1990）。

2）中元古代神农架群

中元古代神农架群主要分布于黄陵地区西北部的神农架地区，出露面积约 1 831km²。湖北省地质调查院在 1：25 万神农架林区幅区调中将神农架群划分为郑家垭组、石槽河组、大窝坑组、矿石山组 4 个岩石地层单位和石槽河组大岩坪岩楔一个非正式填图单位；从原神农架群中解体出新元古代青白口纪凉风垭组。

（1）郑家垭组：为神农架群最下部层位，分布于神农架东部新华断裂东侧，出露面积约 46.12km²。以新华乡郑家垭剖面为代表，为一套陆源碎屑－火山岩建造，厚度大于 1 067.3m，未见底。

下部为深灰色厚层状杂砾岩、含砾砂岩，岩石呈块状，砾石分选性差、成熟度低，有两种类型，一类为砂岩、粉砂岩、白云岩，含量 30％～40％，呈棱角－次棱角状；其余为石英、燧石质砾石，呈次浑圆—浑圆状，胶结物主要为钙质。砾岩层与下伏岩层界面突变，底部具侵蚀面，见槽模、刨蚀面、小型辫状水道等沉积构造，为高密度流快速堆积。向上过渡为深灰色中—厚层状杂砂岩、粉砂岩，发育水平层理，并见小型槽状交错层理、板状交错层理、透镜状层理、粒序层理和重荷模构造、同沉积小断层等，为水下冲积扇沉积物。中部为深灰—灰黑色泥质碳质粉砂岩、页（板）岩、硅质岩夹薄层灰绿色火山凝灰岩，发育水平层理、粒序层理等，多见星点状黄铁矿自形晶体，为陆棚边缘盆地相沉积。上部为深灰色中薄层碳质粉砂岩、粉砂岩、细砂岩、灰白色中层状石英砂岩，石英砂岩中见波状层理、透镜状层理、交错层理、水平层理，沉积环境为滨外陆棚—滨岸。顶部为紫红色、灰绿色碱性玄武质火山岩，凝灰岩，见杏仁、气孔构造，多被方解石充填。

（2）石槽河组：为神农架群分布面积最大的组，出露面积约 1 201.9km²。石槽河剖面出露最全，以一套碳酸盐岩为主的岩石组合，厚约 2 301.6m。

下部为白云岩角砾岩、含砾白云质砂岩、白云质粉砂岩和角砾状灰岩、微晶灰岩及炭泥板岩等，为一套斜坡相碳酸盐岩重力流沉积；中部为灰色含燧石条带白云岩、硅质条纹白云岩、叠层石白云岩、纹层状细晶白云岩、中厚层状细晶白云岩夹少量砾屑砂屑白云岩等，常见叠层石，以小型、波状或半球状为主，为稳定台地相沉积；上部以紫红色白云质粉砂岩、粉砂岩、泥质白云岩为主，岩石层面上可见石盐假晶、干裂、波痕等，属蒸发泻湖相沉积物。

（3）大窝坑组：多出露于山峰中上部，面积约 575.8km²。以主峰剖面最具代表性，厚约 353.2m。

下部为杂色硅质砾岩、含砾砂岩、石英砂岩、紫红色粗—中细粒砂岩、粉砂岩和炭泥质页（板）岩，其中砾岩为具底砾岩性质的海侵滨岸相砾岩，俗称"宝石砾岩"，区内分布稳定，但厚度变化大，铁厂河一带主要为石英砂岩、含砾石英砂岩，为神农架群最稳定的岩性标志层；上部为灰—浅灰色薄层泥质白云岩、含燧石结核条带白云岩、叠层石白云岩、含砾屑砂屑鲕粒白云岩、中厚层细晶白云岩等。叠层石为柱状、半球状。主体为台地礁滩相沉积。与下伏石槽河组呈平行不整合接触。

（4）矿石山组：多位于山峰顶部，以主峰剖面最具代表，为一套陆源碎屑岩-台地碳酸盐岩,厚度约 281.6m。

下部为深灰色砂岩、粉砂岩、碳泥质页(板)岩夹赤铁矿层,局部夹薄层硅质岩,底部在九冲、包家山等地见砾岩层,其中赤铁矿层层位稳定,为重要的岩性标志层;上部为浅灰色—深灰色巨厚叠层石白云岩、纹层状白云岩、中厚层状白云岩夹砾屑砂屑白云岩。叠层石以大型柱状为主,单个最高达 2m。

4. 新元古代青白口纪地层

青白口纪地层出露面积小,在黄陵结晶基底西北边缘为孔子河组,神农架西南边缘为凉风垭组。

1)黄陵杂岩区青白口纪孔子河组

分布于黄陵穹隆西北部边缘兴山县黄粮坪乡孔子河河谷中,出露面积约 4.5km²,厚度大于 1 225.4m。顶部被南华纪南沱组微角度不整合覆盖,底部在肖家湾一带角度不整合覆于东冲河片麻杂岩之上,与下伏岩层接触处均见变质砾岩层。孔子河组下部为变质绢云砂砾岩、含砾砂岩和石英岩,上部为厚度较大的含碳绢云千枚岩、绢云千枚岩、绢云片岩、绢云石英片岩。岩石中可见变余水平层理、变余交错层理。原岩为海相陆源碎屑沉积的泥砂质岩类。

2)神农架地区青白口纪凉风垭组

分布于神农架群西南侧,出露面积约 10km²,厚 711.4m。下部岩性为浅灰色—浅灰红色薄层硅质砾岩、岩屑石英砂岩、含砂泥质白云岩与叠层石白云岩巨砾岩组成的不规则互层,与下伏神农架群矿石山组白云岩间有明显的沉积间断,两者间为微角度不整合关系;中部岩性为灰黑色中厚层状瘤状灰岩、厚层状中粗粒石英砂岩、粉砂岩、深灰色薄层状黏土质页岩、薄层碳泥质页岩等;上部岩性为灰色薄层状粉砂质页岩、深灰色薄层状条纹状含粉砂、硅质炭泥质页岩,由下向上矿物粒度逐渐增大。

凉风垭组与下伏中元古代神农架群矿石山组为微角度不整合接触,顶部被南华纪莲沱组砾岩覆盖。

5. 南华纪地层

黄陵地区为华南陆块南华纪和震旦纪地层标准剖面所在地。完整的南华纪地层自下而上划分为下南华统莲沱组,上南华统古城组、大塘坡组、南沱组,与下伏前南华纪地层或晋宁期岩体呈角度不整合接触。

1)莲沱组

标准剖面位于区域东部莲沱镇,为一套紫红色—暗紫色的中—厚层状砂砾岩、含砾粗砂岩、长石石英砂岩、石英砂岩、细粒岩屑砂岩、长石质砂岩夹凝灰质岩屑砂岩、含砾岩屑凝灰岩。由下向上碎屑粒度由粗变细,顶界与南沱组呈平行不整合接触,底界与黄陵花岗岩呈不整合接触。地层上段为灰白—紫红色薄—中层状中粒长石岩屑砂岩、粉砂岩、粉砂质泥岩及晶屑玻屑凝灰岩,厚 62～202m。下段上部为紫红—灰白色中—厚层状为主夹透镜状产出的中细粒长石岩屑砂岩夹粉砂质泥岩、透镜状泥岩,为天然堤沉积;下段下部以紫红色含砾粗中粒长石石英砂岩、长石石英中粒砂岩为主;下段底部为紫红色石英质砾岩不整合覆盖在黄陵岩基或崆岭群变质岩之上,厚 93～105m。

2)古城组

标准剖面位于区域南部高家堰(长阳背斜)南,下部为灰黑色块状冰碛岩、厚层状砂砾岩,为滨岸-临滨冰缘冰碛岩,厚19.8m,与下伏莲沱组呈平行不整合接触。

3)大塘坡组

标准剖面位于区域以南的长阳古城岭地区,与古城组相伴产出,厚9.6m。岩性为黑色薄层状碳质粉砂质页岩夹含锰质白云岩透镜体。大塘坡组岩性单一,由碳质粉砂质页岩组成,具加积结构特征,属浅海陆棚相间冰期沉积,与下伏古城组呈整合接触关系。

4)南沱组

标准剖面位于区域内南沱镇。岩性上为黄绿色含砾冰碛泥岩,中下部偶夹泥岩、泥质粉砂岩透镜体。含砾冰碛泥岩砾石含量一般在10%～15%,主要由变质岩、石英岩、岩浆岩碎块组成;砾石大小不等,砾径0.1～0.5cm,呈次棱角状—次圆状,无分选;砾石表面蚀痕较发育,见"V"字形、"T"字形刻痕。泥岩、泥质粉砂岩具有水平纹理构造,厚69～93m。

6.震旦纪地层

震旦纪地层自下而上分为陡山沱组、灯影组,其中灯影组为跨震旦系和寒武系的岩石地层单位。

1)陡山沱组

标准剖面位于长江南岸陡山沱村,厚230m。地层整合于灯影组之下、平行不整合于南沱组之上,以灰褐、灰、灰白色白云岩为主。下部为灰褐—灰色白云岩,含泥质和硅质磷质结核,中部为灰黑色页片状含粉砂质白云岩;上部为灰、灰白色中厚层白云岩夹硅质岩或燧石团块。顶部以黑色碳质页岩与上覆灯影组分界,底部以一层含砾白云岩的底面与下伏南沱组分界。

2)灯影组

标准剖面位于长江南岸灯影峡,厚673m。地层为一套碳酸盐岩建造。下部为浅灰、灰白色中薄层状细晶—微晶白云岩,灰色角砾状中—微晶白云岩,局部夹黑色黏土岩及条带状胶磷矿;中部为灰色条纹条带状中晶白云岩夹灰色角砾状中—微晶白云岩;上部为灰色厚—巨厚层状粗晶白云岩、薄—厚层状硅质条带白云岩、细晶白云岩、条纹条带状白云岩,局部有鲕状白云岩、薄层硅质岩。

(二)古生代

1.寒武纪

主要沿黄陵穹隆周边分布,自下而上划分为下寒武统水井沱组、石牌组、天河板组、石龙洞组,中寒武统覃家庙组,中寒武统—下奥陶统娄山关组。

1)水井沱组

底部为黑色碳质页岩夹(含铁质)白云岩;下部为灰—深灰色细晶白云岩、碳质灰岩与碳质页岩互层;中部为灰—深灰色细晶泥灰岩与薄板状泥灰岩组成韵律层;上部为灰色薄—中厚层状灰泥岩与中晶白云岩,向上白云岩增多。厚24～80m,与下伏灯影组为平行不整合接触。

2)石牌组

下部为灰—深灰色页岩、粉砂质页岩夹薄层粉砂岩,向上灰色粉砂质页岩夹含砂质粉砂岩,向上砂质含量增多;中部由灰色薄—中厚层钙质中—细粒长石岩屑砂岩与薄层粉砂岩组成;上部为灰色薄—中层状粉砂岩夹薄层细砂岩、粉砂质页岩,向上粉砂质含量减少。厚158～301m,与下伏水井沱组呈整合接触关系。

3)天河板组

主要由灰色薄层泥质条带灰岩组成,中部夹鲕状、豆状灰岩和薄层粉砂质页岩,局部含古杯灰岩与白云质微晶灰岩。厚81～100m,与下伏石牌组呈整合接触关系。

4)石龙洞组

下部为浅灰色薄—中厚层状含粉砂质中—细晶白云岩;上部为灰—浅灰色中—厚层状中—细晶白云岩与藻砂屑白云岩,局部夹角砾状白云岩。厚109～129m,与下伏天河板组整合接触。

5)覃家庙组

下部为灰—浅灰色薄层泥质白云岩夹厚层砂屑白云岩、白云质页岩;中部为浅灰—灰白色薄层含泥质粉砂质白云岩、粉砂质细晶白云岩夹紫红色粉砂质含灰质白云岩、紫红色页岩,其上见浅灰色含粉砂质页岩夹薄—中厚层泥质石英粉砂岩,厚107m;上部为浅灰色薄层状细晶白云岩夹泥质白云岩、紫红色薄—中层状粉砂质微—细晶白云岩、紫红色薄层细粒长石石英砂岩;顶部为薄层泥质条带含粉砂质微晶白云岩、含灰质微晶白云岩,局部夹灰黄色页岩。厚129～166m,与下伏石龙洞组呈整合接触关系。

6)娄山关组(三游洞组)

下部为灰—浅灰中厚层状藻粉屑砂屑白云岩夹微晶白云岩,底部龙头沟等地见厚约20cm的中—细粒石英砂岩;中部为白云石化藻砂屑藻砾屑灰岩与纹层状白云岩;上部为浅灰色薄—厚层状含藻粉屑砂砾屑白云岩、含藻粉屑微晶白云岩、细晶白云岩。厚700m,与下伏覃家庙组呈整合接触关系。

2.奥陶纪

奥陶纪地层自下而上划分为下奥陶统南津关组、红花园组、大湾组、牯牛潭组,中奥陶统庙坡组和中—上奥陶统宝塔组。

1)南津关组

底部为浅灰色页岩;下部为中层状细晶白云岩、灰—浅灰色中—厚层状含砾屑砂屑白云岩;上部为浅灰色薄—中层状生物屑灰岩夹砾屑灰岩、鲕状灰岩;顶部常夹黄绿色钙质泥岩。厚约167m,与下伏娄山关组接触界面常见紫红色泥岩,为平行不整合接触。

2)红花园组

下部为中厚层状含藻砂屑生物屑灰岩、含泥微晶白云岩(叶片状);中部为灰—深灰色薄—中厚层状弱白云石化含生物屑砂屑灰岩,与页岩不等厚互层夹含藻砾屑砂屑灰岩;上部为灰色中厚层状弱白云石化含鲕粒生物屑灰岩、含生物屑藻粉屑砂屑灰岩;顶部夹页岩。厚约24m,与下伏南津关组呈整合接触。

3)大湾组

下部为灰—深灰色薄—中层瘤状生物屑灰岩,层间夹少许页岩;中部为深灰色—灰色薄层瘤状生物屑灰岩与页岩互层;上部为灰—灰绿色含粉砂质水云母页岩,偶夹灰岩透镜体。厚约63m,与下伏红花园组呈整合接触。

4）牯牛潭组

岩性稳定，底部为灰色厚层状生物屑灰岩，向上为深灰色薄—中厚层瘤状生物屑灰岩与灰黑色页岩不等厚互层组成。厚约23m，与下伏大湾组呈整合接触。

5）庙坡组

岩性为深灰色、灰黑色页岩，夹中层状灰泥岩或透镜体。厚2.5m，与下伏牯牛潭组整合接触。

6）宝塔组

下部为浅灰色夹淡红色厚层龟裂纹生物屑灰岩夹薄层瘤状泥质灰岩；上部为灰—浅灰色中厚层瘤状生物屑灰泥岩夹瘤状泥质灰岩；顶部为灰色薄—中层状生物屑灰泥岩夹深灰色页岩。厚27m，与下伏庙坡组呈整合接触，无庙坡组时，与下伏牯牛潭组呈整合接触。

7）五峰组

五峰组分为笔石页岩段和观音桥段。笔石页岩段岩性为黑灰色风化呈黄绿、浅紫或棕黄色的微薄层至薄层状含有机质、石英细粉砂质水云母黏土岩，夹黑灰色微薄层至薄层状微晶硅质岩。厚5.6m。

观音桥段下部为黑灰、黄褐或浅紫灰色含石英粉砂、水云母黏土岩；中部为黄灰、米黄或浅紫灰色含石英水云母黏土岩；上部为黄灰或浅灰色水云母黏土岩。厚0.3m。

3. 志留纪

志留纪地层围绕黄陵断穹、神农架穹隆周缘与奥陶纪地层相伴出现，与下伏奥陶纪五峰组整合接触。

徐家坝—双桥及瓦沧—五台山林场呈近东西向带状分布，长江沿线有零星出露，地层厚1 100～2 000m。为一套碎屑岩建造，下部龙马溪组主要由一套含笔石的黑灰至黄绿色页岩、砂质页岩组成；中部罗惹坪组岩性以砂质泥岩、粉砂岩、细砂岩夹泥灰岩团块和灰岩透镜体为特征，富产牙形石、腕足类、三叶虫、珊瑚、头足类等及少许笔石；上部纱帽组主要由泥岩、砂质泥岩、粉砂岩和砂岩组成。

与上覆泥盆纪地层呈平行不整合接触。

4. 泥盆纪

区内泥盆系出露不全，缺失下泥盆统，仅见中上泥盆统，与下伏志留纪纱帽组平行不整合接触。泥盆纪地层以黄陵杂岩周缘出露较好，神农架穹隆东南部和长江沿线背斜核部亦有出露，厚70～160m。

泥盆纪地层为一套碎屑岩建造，自下而上划分为云台观组、黄家磴组、写经寺组、梯子口组。云台观组岩性为灰白—白色厚层的石英岩状砂岩，夹薄层粉砂岩、泥岩，底部出现含砾石英砂岩，厚21.5～64m；黄家磴组岩性为石英砂岩、粉砂岩、粉砂质泥岩，夹1～2层鲕状赤铁矿，厚14～54m；写经寺组为一套浅海相的泥灰岩、白云质灰岩、白云岩、钙质泥岩、泥岩及鲕状赤铁矿，厚13～19m；梯子口组岩性为泥岩、粉砂岩、粉砂质泥岩、石英砂岩，夹1～2层结核状或似层状菱铁矿及煤线，厚20m。

与上覆石炭纪地层呈平行不整合接触。

5. 石炭纪

峡东地区石炭系发育不完整，厚仅100m，露头较差，化石丰富。主要分布于松滋、宜都、长阳和五峰等县交界的仁和坪向斜内。早石炭世地层为浅海—滨海相碎屑岩夹碳酸盐岩沉积,岩层呈北西向展布,目前见于长江以南地区。晚石炭世地层为浅海相纯碳酸盐岩沉积,分布较广,但其晚期沉积仅在长阳马鞍山见及。

下石炭统由下至上划分为长阳组、梯子口组(又名金陵灰岩)、高骊山组、和州组。长阳组岩性为灰白色石英砂岩、灰黑色粉砂岩、泥岩和钙质泥岩,厚7~12m;梯子口组岩性为灰黑色、深灰色厚层灰岩,夹白云质灰岩,厚2~8m;高骊山组岩性为灰褐色、灰白色石英砂岩,灰黑色粉砂岩,粉砂质泥岩和泥岩,厚34~40m;和州组岩性以深灰色泥质生物灰岩、灰色泥岩、粉砂岩和石英砂岩为主,厚10~17m。

上石炭统自下而上划分为大埔组、黄龙组、船山组。大埔组岩性为灰白、浅灰色块状白云岩,白云质灰岩,厚2~20m;黄龙组岩性为浅灰、灰白和浅粉红色灰岩,生物灰岩和粗晶灰岩,厚3~79m;船山组岩性为浅灰、灰色团粒生物碎屑灰岩,厚1.3~2.6m。

与上覆二叠纪地层呈平行不整合接触。

6.二叠纪

峡东地区二叠系分布于秭归、兴山、巴东及宜都至长阳一带,是该区主要含煤地层之一,以秭归新滩一带地层出露最佳,地层厚约440m,与下伏石炭纪地层呈平行不整合接触。自下而上划分为早二叠世栖霞组、茅口组,晚二叠世吴家坪组、长兴组。

下二叠统栖霞组岩性为砂岩、泥岩、砂质泥岩夹煤层、灰—灰黑色生物泥晶灰岩,含燧石结核或燧石层;茅口组岩性为深灰、灰色生物灰岩,灰白色生物泥晶灰岩,含少量燧石结核。

上二叠统吴家坪组岩性以深灰色硅质岩层、硅质灰岩、灰白色生物泥晶灰岩为主;长兴组主要岩性为灰—灰白色生物泥晶灰岩、亮晶粒屑灰岩,含少量燧石结核。

与上覆三叠纪地层呈整合接触。

(三)中生代

1.三叠纪

长江三峡东部地区三叠系主要分布在黄陵背斜东西两侧。地层连续,厚度达4 800m以上。三叠系发育齐全,下部为浅海—滨海相碳酸盐岩和碎屑岩沉积;上部为滨海—湖泊沼泽相含煤碎屑岩沉积。本区三叠系自下而上划分为下三叠统瑞坪组、小河组,中三叠统鹿家沟组、信陵镇组、宝塔河组、远安组、水家湾组,上三叠统沙镇溪组、九里岗组、王龙滩组。

下三叠统瑞坪组岩性主要为灰黑色灰质泥岩;小河组岩性为白云质灰岩、白云岩、灰岩夹角砾状灰岩。

中三叠统鹿家沟组岩性为灰色薄层泥晶灰岩、白云质灰岩夹黄绿色灰质泥岩、泥晶灰岩、角砾状灰岩、灰绿色灰质泥岩夹泥晶灰岩;信陵镇组岩性为红色灰质泥岩、粉砂岩夹细砂岩;宝塔河组岩性为灰色泥晶灰岩夹微晶灰岩、灰质泥岩;远安组岩性为紫红色中—厚层灰质泥岩、粉砂岩夹细砂岩、泥晶灰岩;水家湾组岩性为灰—黄灰色灰质粉砂岩、泥岩夹泥晶灰岩。

上三叠统沙镇溪组岩性为灰白、灰、灰黑色石英砂岩,长石石英砂岩,粉砂岩,碳质泥岩,泥晶灰岩;九里岗组岩性为黄、黄绿色粉砂岩,砂质泥岩夹长石石英细砂岩及黑色碳质泥岩;王龙滩组岩性为黄灰、青灰、灰黑色长石石英砂岩,长石砂岩,粉砂岩夹碳质泥岩。

与上覆地层下侏罗统香溪组呈整合接触。

2. 侏罗纪

长江三峡东部的侏罗系分布于黄陵背斜西侧的秭归盆地,地跨兴山、秭归、巴东三县,该系除底部为含煤地层外,系一套陆相红色碎屑岩沉积,总厚近 6 000m。本区侏罗系各统齐全,剖面连续,出露良好。自下而上划分为下侏罗统香溪组,中侏罗统泄滩组、陈家湾组、下沙溪庙组、上沙溪庙组,上侏罗统遂宁组、蓬莱镇组。

下侏罗统香溪组为一套陆相碎屑岩含煤沉积。

中侏罗统泄滩组为灰—深灰色泥岩、粉砂岩、细粒石英砂岩、黄绿色灰质粉砂岩、紫红—黄绿色泥岩、细粒石英砂岩;陈家湾组岩性以紫色、黄灰色泥岩,砂质泥岩为主,夹黄灰色中—细粒长石石英砂岩,偶夹泥灰岩条带;下沙溪庙组为紫红色泥岩、砂质泥岩与黄灰色厚层—块状中—细粒长石石英砂岩互层;上沙溪庙组岩性与下沙溪庙组相似,但砂岩粒度较粗,泥岩含砂较多,上部长石石英砂岩增多。

下侏罗统遂宁组为绿灰、紫红、紫灰色细粒长石石英砂岩,粉砂岩夹紫红、棕红色泥岩,砂质泥岩;蓬莱镇组岩性由紫红、棕红色泥岩,砂质泥岩,及灰白、绿灰、灰紫色中—细粒长石石英砂岩所组成,局部夹砾石石英砂岩。

蓬莱镇组未见顶,与上覆地层接触关系不详。

3. 白垩纪

峡东地区白垩系发育良好,层序较全,厚约 4 600m,与下伏地层奥陶纪灰岩或二叠纪灰岩为角度不整合接触。该系主要由河流相碎屑沉积和湖泊相泥、钙质沉积组成。峡东地区白垩系一般分为二统五组,下白垩统包括石门组和五龙组,上白垩统包括罗镜滩组、红花套组、跑马岗组。

下白垩统石门组岩性为灰黄、灰白、紫红色厚层砾岩夹泥质粉砂岩,灰紫色巨厚层砾岩;五龙组以棕红、浅灰、黄棕色细—中粒砂岩为主,夹粉砂岩和粉砂质泥岩及少量的砾岩和黑色泥岩透镜体。

上白垩统罗镜滩组主要由棕红、灰褐色厚层—块状砾岩组成,夹少量的砂岩、砂砾岩和含砾砂岩透镜体。红花套组主要为橘红、棕红色块状细砂岩。跑马岗组岩性下部为棕红、灰褐、灰白色中层细砂岩,粉砂岩,与紫红色泥岩、砂质泥岩互层;上部以灰绿、灰褐色细砂岩与棕红色泥岩互层为主,夹砂质泥岩和页岩。

与上覆第三纪(古近纪＋新近纪)地层呈整合接触。

二、岩浆岩

黄陵地区最早的岩浆岩应为崆岭变质杂岩太古宙 TTG 片麻岩和斜长角闪岩,这些岩石作为扬子克拉通结晶基底的组成部分,已在本指导书的地层部分进行了介绍。黄陵地区其他时期的岩浆岩主要为古元古代和新元古代。

(一)古元古代

目前在黄陵地区已识别出的古元古代岩浆岩在规模上十分有限,且均为呈侵入关系分布于北部崆岭变质杂岩中。目前已报道的岩体分别为出露于野马洞附近的圈椅埫钾长花岗岩体和出露于坦荡河西侧的基性侵入岩脉。

1. 圈椅埫钾长花岗岩

岩体呈近等轴状岩株产出,出露面积 $14km^2$,主要由中—粗粒斑状钾长花岗岩组成。同位素年代学研究获得了（$1\ 851\pm237$）Ma 的单颗粒锆石蒸发年龄（袁海华等,1991）和（$1\ 854\pm17$）Ma 的锆石 U－Pb 年龄（熊庆等,2008）。近期对该岩体开展的系统地球化学研究表明（彭敏,2010）,圈椅埫钾长花岗岩属于铝质 A 型花岗岩,根据 Eby 的分类原则,圈椅埫钾长花岗岩属于产出于造山后伸展环境的 A2 型花岗岩;根据元素和 Hf 同位素特征,该 A 型花岗岩由 2.9Ga 的英云闪长质岩石以斜长石为主要残留相的脱水部分熔融形成（图 3－4、图 3－5）。

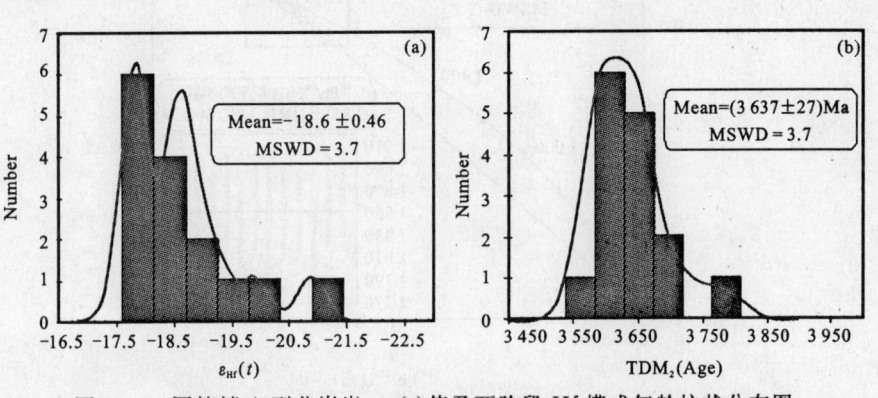

图 3－4　圈椅埫 A 型花岗岩 $\varepsilon_{Hf}(t)$ 值及两阶段 Hf 模式年龄柱状分布图

（彭敏,2010）

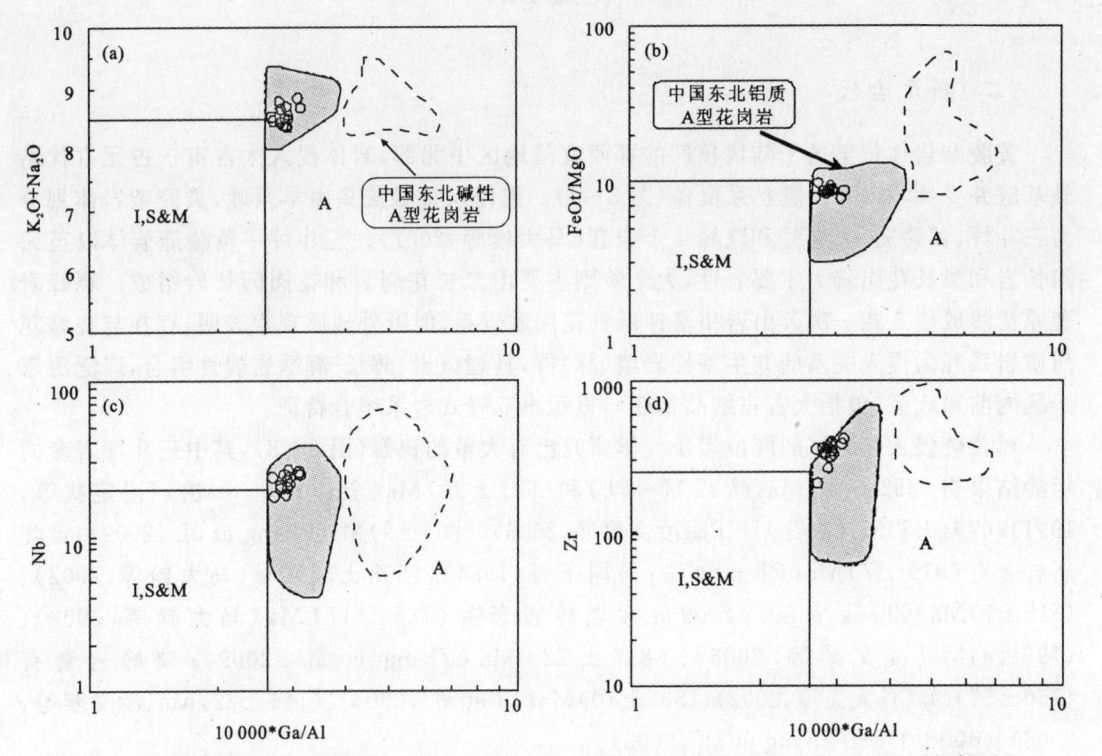

图 3－5　圈椅埫钾长花岗岩（$K_2O＋N_2O$）,FeO^*/MgO,Nb 和 Zr 与 $10\ 000*Ga/Al$ 判别图解

（彭敏,2010）

2.基性侵入岩脉

基性岩脉位于坦荡河附近,脉宽为 0.5~1m,围岩为英云闪长岩,该岩脉具典型的辉绿结构,粒度较细,主要造岩矿物为辉石和斜长石,另有少量角闪石、黑云母和钛铁矿。通过锆石 U-Pb 同位素定年,分别获得了(1 856±16)Ma 和(64±110)Ma(MSDW=3.2)的上、下交点年龄,前者代表了岩体的形成年龄(彭敏,2010;图 3-6)。

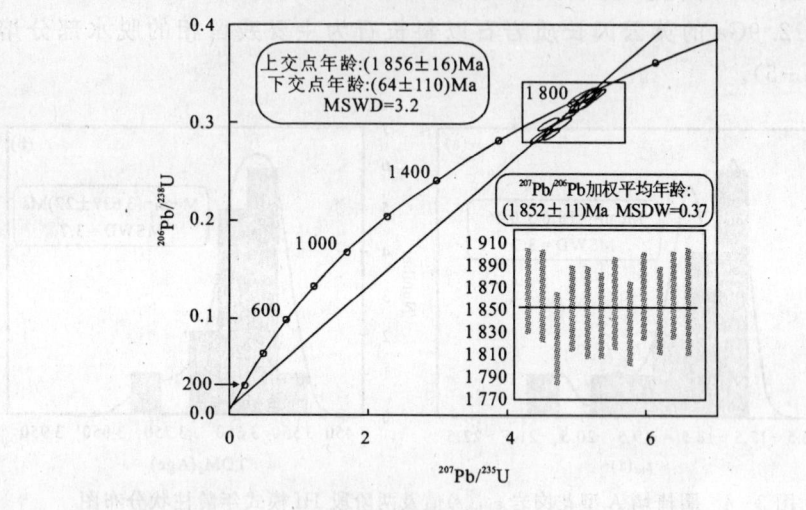

图 3-6   北部崆岭基性岩脉锆石 U-Pb 年龄谐和图

(彭敏,2010)

(二)新元古代

黄陵杂岩体位于扬子陆块核部的鄂西宜昌地区中北部,岩体侵入太古宙—古元古代结晶基底并受到华南系—震旦系覆盖(图 3-7)。按侵入接触关系由早至晚,黄陵杂岩体划分为三斗坪、黄陵庙、大老岭和晓峰 4 个岩套(马大铨等,2002)。三斗坪—黄陵庙岩体以英云闪长岩和奥长花岗岩为主要岩性,大老岭则主要由二长花岗岩和花岗闪长岩组成。晓峰岩套原指浅成侵入相—次火山岩相富钾低钙花岗质岩系,但野外地质观察表明,存在与晓峰花岗质岩系互为侵入关系的共生基性岩墙(脉)群,具煌斑岩、辉长-辉绿岩岩性组合,广泛出露于区内前寒武系(包括太古宙结晶基底),显示出双峰式岩系组合特征。

对黄陵侵入杂岩体的同位素年代学研究已有大量的积累(图 3-8),其中三斗坪岩套的年龄结果有(832±12)Ma(锆石 U-Pb)和(833±29)Ma(全岩 Rb-Sr 法)(冯定犹等,1991)、(794±7)Ma(锆石 U-Pb;凌文黎等,2006)、(805±9)Ma(Zhang et al.,2009);黄陵庙岩套有(819±7)Ma(Rb-Sr 法;马国干等,1984)、(808±35)Ma(马大铨等,2002)、(815±7)Ma(Zhang et al.,2009);大老岭岩套有(786±17)Ma(马大铨等,2002)、(795±8)Ma(凌文黎等,2006)、(817±22)Ma(Zhang et al.,2009);晓峰岩套有(750±57)Ma(马大铨等,2002)、(802±10)Ma(Li et al.,2004)、(744±22)Ma(凌文黎等,2006)、(800±3)Ma(Zhang et al.,2009)。

第三章 区域地质特征

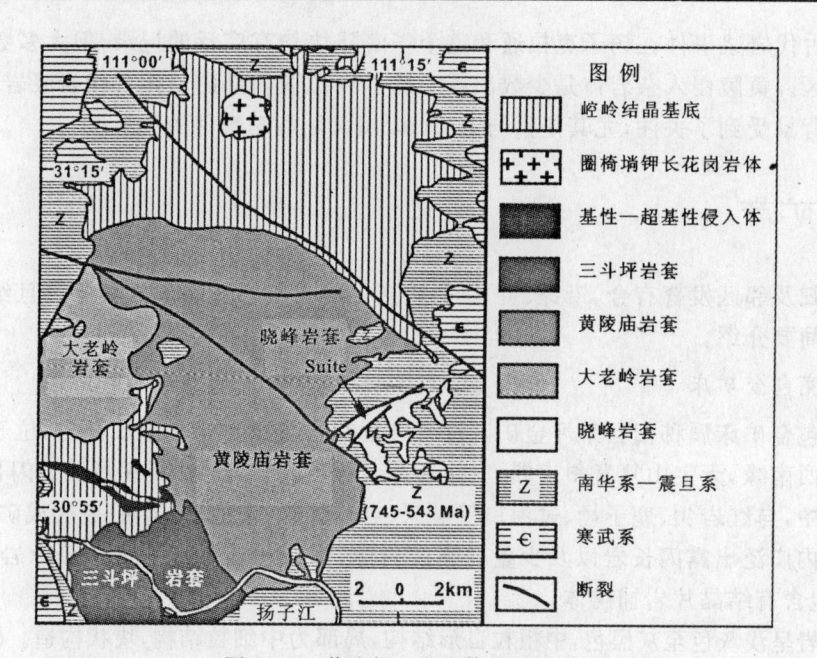

图 3 - 7 黄陵侵入杂岩体地质略图

（据马大铨等，2002 修改）

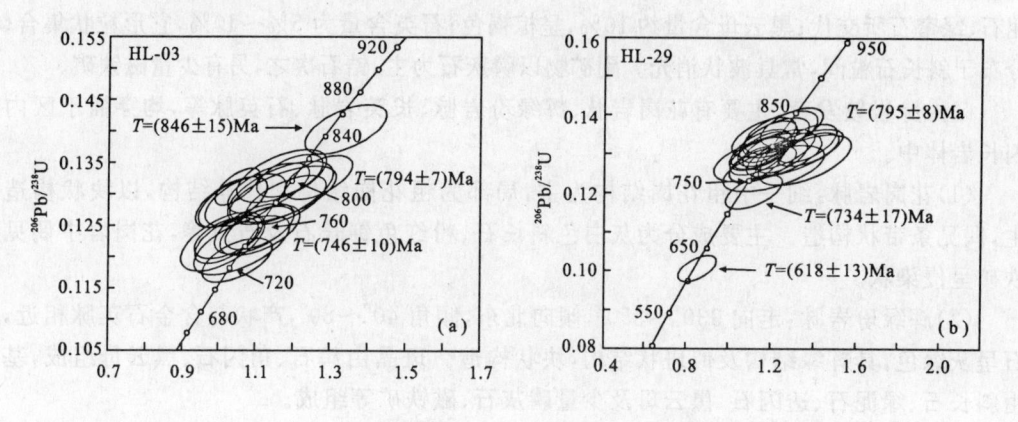

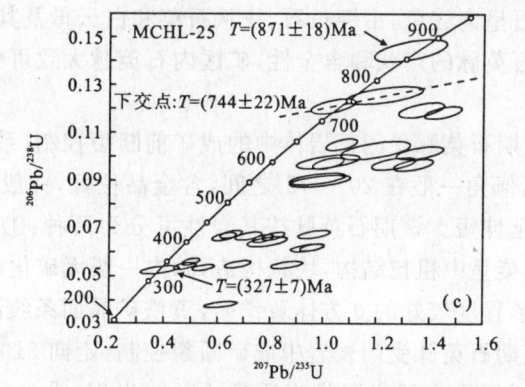

图 3 - 8 黄陵杂岩体锆石 U - Pb 同位素谐和曲线图

（凌文黎等，2006）

（a）三斗坪岩套；（b）大老岭岩套；（c）晓峰岩套

新元古代岩浆事件在扬子克拉通和整个华南陆块均有广泛的记录,但大多数岩浆岩分布于陆缘区。黄陵侵入杂岩体是少数出露于扬子克拉通内部的新元古代岩浆岩,其成因及形成构造背景受到了关注,尤其是其与Rodinia超大陆裂解事件的关系。

三、矿产

在秭归及邻区发育有金、铅锌、磷、钒等矿产。本指导书主要对发育于震旦纪地层中有关矿产作简要介绍。

1.月亮包金矿床

月亮包金矿床属秭归县茅坪金矿区过河口至红岩尖成矿带的组成部分,位于黄陵背斜核南部的西南缘,天宝山复背斜南翼,三斗坪黑云石英闪长岩体中的茅坪英云闪长岩体南缘的闪长岩中,与红岩尖、鹿子坳、过河口等矿床(点)属同一个构造-岩浆-断裂成矿带。

矿区内广泛出露闪长岩以及少量花岗质岩脉、辉绿玢岩脉和石英脉等脉岩,在闪长岩中,局部包含有结晶片岩捕房体。

闪长岩呈浅灰色至灰黑色,中粗粒自形结构,局部为中细粒结构,块状构造。矿物成分为斜长石(50%～55%),自形或半自形板状、柱状,粒径一般为2～3mm,最大5mm,具环带构造,钠长石双晶发育,绢云母化及高岭化显著;角闪石(15%～20%)呈半自形至自形粒状,常被绿泥石、绿帘石所交代;黑云母含量约10%,呈棕褐色;石英含量为5%～10%,它形粒状集合体,分布于斜长石粒间,常具波状消光。副矿物以磷灰石为主,锆石次之,另有少量磁铁矿。

区内脉岩较发育,主要有花岗岩脉、辉绿玢岩脉、长英岩脉、石英脉等,均穿插于区内的闪长岩体中。

(1)花岗岩脉:细—中粗花岗结构为主,局部为粗花岗结构和伟晶结构,以块状构造为主,偶见条带状构造。主要成分为灰白色斜长石、粉红色钾长石及石英等,花岗岩中偶见黄铁矿呈侵染状。

(2)辉绿玢岩脉:走向330°～350°,倾向北东,倾角40°～80°,产状与含金石英脉相近,岩石呈灰绿色,具辉绿结构及似斑状结构,块状构造。斑晶由辉石、角闪石、黑云母组成,基质由斜长石、绿泥石、透闪石、黑云母及少量磷灰石、磁铁矿等组成。

(3)长英岩脉:岩石呈肉红色,由钾长石、块状石英和白云母及其他微量矿物组成。

(4)石英脉:根据石英脉的产状和含金性,矿区内石英脉大致可分为两期,即成矿前期和成矿期石英脉。

成矿前石英脉:该期石英脉受闪长岩体中的成矿前断裂控制,系成矿前贯入。脉体走向240°～290°,倾向近南,倾角一般在20°～75°之间,含金品位低,一般小于0.5g/t,厚度小,一般脉宽0.03～0.2m,延伸短。该期石英脉按其岩性可分为两种:①白色块状石英脉由乳白色—白色石英组成,石英呈中粗粒结构,块状构造,脉内一般无矿化或矿化极微;②含黄铁矿石英脉的特征为含自形程度较好的立方体黄铁矿,黄铁矿晶面条纹清晰可见。

成矿期石英脉:该期石英脉受闪长岩中成矿断裂控制,走向310°～345°,倾向北东,倾角60°～80°,石英脉在成矿断裂中呈扁豆状或透镜状断续出现,沿走向或倾向均成舒缓波状,具尖灭侧现、分枝复合和膨胀收缩现象。脉厚一般0.01～0.40m。膨大部位可大于1m,局部仅几厘米或尖灭,石英脉与蚀变闪长岩、糜棱岩一起组成破碎带,为本区的主要载金体,含金品位高,可达 10g/t,甚至高达 800g/t 以上,与成矿前石英脉相比,沿走向和倾向均有一定的延伸,脉中含石英颜色较深,呈破碎的半自形粒状,局部为它形,常被压碎成碎裂状,角砾状及糜棱状,石英单矿物中 Pb、Zn、Cu 含量较高。

该区断裂构造发育,按其与成矿前后的关系,区内断裂构造可分为 3 期:即成矿前(期)、成矿期、成矿后(期)构造。

(1)成矿前断裂:该断裂大致分两组。①东南向断裂组的走向 240°~29°,倾向 150°~200°,倾角 15°~65°,一般为 20°~40°,走向延长 20~200m,断裂带中常充填有乳白色含黄铁矿石英脉或花岗岩脉;②西向断裂组的走向大致 330°~350°,倾向东北,局部倾向南西,倾角 40°~80°,断裂中充填物主要为辉绿玢岩,常被后期成矿断裂改造,成矿前的辉绿玢岩亦被卷入成矿断裂带中。

(2)成矿断裂:走向 310°~345°,倾向北东,局部反倾,倾角 55°~80°,局部近于直立,沿走向和倾向均呈舒缓波状,显压扭性,多为含金石英脉充填,断裂沿走向延伸最大可大于 3 500m。

(3)成矿后断裂:该组断裂明显切割含金石英脉,断裂走向南西,倾向北东东,倾角 50°左右,断裂带一般宽 0.1m。

近矿脉围岩发育不同程度的蚀变,蚀变带的宽度及变化范围不一,蚀变类型较多,有硅化、绿泥石化、绢云母化、黄铁矿化、钾化、碳酸盐化,它们对金矿化的指示意义不一样,其中与金矿化关系密切的蚀变主要为硅化、绢云母化、黄铁矿化等。

(1)硅化:为矿区内主要蚀变类型,有两种分布情况,一种在远离矿脉的围岩中局部发育,表现为岩石变得致密坚硬,矿物颗粒变细,与矿化关系不密切;另一种发育于矿脉断裂破碎带中,表现为闪长岩或碎裂闪长岩中硅质局部富集而呈团状块、条带状,并常与绢云母化、黄铁矿化叠加形成绢英岩或黄铁绢英岩,这类硅化对金矿化有一定的指示意义。

(2)绢云母化:绢云母呈鳞片状集合体分布在各矿脉中,也是矿化过程中非常普遍的蚀变作用,常与硅化叠加形成绢英岩。主要分布于矿脉及附近围岩,对矿化有一定的指示意义。

(3)黄铁矿化:为矿区内的一种主要蚀变类型,可分为两期,早期黄铁矿颗粒较粗,晶形完整,呈自形多面体,多以团块状或星散状分布于破碎带中,见有受力压碎现象;晚期为微细粒黄铁矿,呈星散状、浸染状分布于闪长岩和碎裂闪长岩及石英脉中,有时呈脉状充填于早期含黄铁矿-石英脉中。晚期黄铁矿是本矿区主要的载金矿物之一,是最主要的找矿标志。硅化、绢云母化及黄铁绢云石英化,是最直接的矿化标志。

不同成矿阶段黄铁矿和石英矿物的特征及其含矿性特点不同(表 3-1、表 3-2)。

表 3-1 不同矿化阶段黄铁矿特征及含矿性

矿化阶段	晶形	粒度	破碎度	颜色	含金量
Ⅰ	自形粒状	粗粒	低	浅黄	低
Ⅱ	半自形团粒状	细粒	中	浅黄	高
Ⅲ	半自形—它形团粒状	细粒—粉末状	高	浅黄—铜黄	很高
Ⅳ	自形粒状	中粒	低	亮黄	较低

表 3-2 不同矿化阶段石英特征及含矿性

矿化阶段	颜色	光泽	破碎度	晶形	含金量
I	乳白色	弱油脂光泽	低	自形柱状	低
II	灰白色	强油脂光泽	高	它形柱状	高
III	烟灰色	强油脂光泽	高	它形粒状	最高
IV	乳白—纯白	玻璃光泽	低	半自形粒状	较低

矿区自然矿石类型为含金硫化物石英脉型矿石和含金蚀变闪长岩型矿石,但具矿石的工业价值的类型为金(银)—黄铁矿石类型。金矿石主要为浸染状、浸染条带、网脉状及团块状(斑杂状)构造,具压碎状自形半自形粒状结构、网脉状结构、残余骸晶结构、细脉充填结构、花岗压碎结构及港湾-孤岛结构等。主要金属矿物为黄铁矿、黄铜矿,以及受到表生作用影响形成的次生矿物辉铜矿、蓝辉铜矿、铜蓝和褐铁矿等,脉石矿物主要为石英、绿泥石、长石及绢云母等。金矿石中金的独立矿物有自然金、含银自然金、银金矿、金的碲化物等,载金矿物主要为黄铁矿、黄铜矿、辉铜矿和石英等。

2. 白果园银钒矿床

白果园黑色页岩型银钒矿床是近几年来发现的一个新类型沉积矿床。矿床产于上震旦统一套巨厚的碳酸盐岩建造中,除银、钒外,还伴有可供综合利用的硒。金、铂、钯等元素亦有一定程度的富集(陈超,谢发鹏,1986)。

矿床位于扬子准地台北部,淮阳山字型构造西翼反射弧的砥柱-黄陵背斜核部的北西边缘,矿区出露地层从新至老有寒武系、震旦系(以上组成盖层)和前震旦系崆岭群(沉积基底)。盖层中未见侵入岩。银钒矿床赋存在上震旦统陡山沱组第四岩性段中,连续性较好(图3-9)。

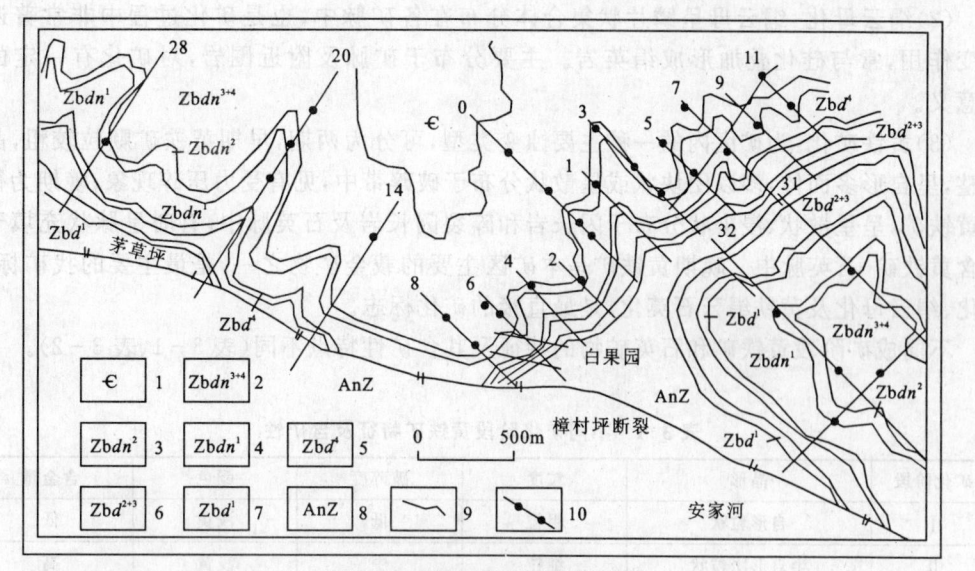

图 3-9 白果园矿区地质略图
(陈超,谢发鹏,1986)

1. 寒武系;2. 震旦系灯影组第三至第四岩性段;3. 灯影组第二岩性段;4. 灯影组第一岩性段;
5. 震旦系陡山沱组第四岩性段;6. 陡山沱组第二至第三岩性段;7. 陡山沱组第一岩性段;8. 前震旦纪;
9. 不整合;10. 勘探剖面及钻孔

上震旦统灯影组（Zbdn）：为一套以白云岩为主的巨厚沉积，分 4 个岩性段，其中仅第二岩性段（厚 23～62m）为黑色薄层灰岩，其底部为黑色页岩（厚约 5m，偶夹致密状磷块岩透镜体）。灯影组总厚度为 432～556m，与下界整合。

上震旦统陡山沱组（Zbd）：为银钒矿和磷矿的赋存层位，由上而下分 4 个岩性段。

第四岩性段（Zbd⁴）：为银钒岩系，厚 3.90～16.54m，与下界整合。

第三岩性段（Zbd³）：灰色中厚层球粒状白云岩（偶见叠层石小夹层）夹灰色硅质条带和黑色燧石团块，以岩性刚硬、层理清晰平直、地貌陡峭为特征，厚 30.01～77.49m，与下界整合。

第二岩性段（Zbd²）：上部为浅灰色中厚层白云岩，矿区东部相变为含磷屑及扁豆体白云岩；下部为灰色薄层状白云岩。厚 8.65～26.00m，与下界整合。

第一岩性段（Zbd¹）：为含磷岩系，是宜昌磷矿的赋存部位，至本矿区磷矿逐渐贫化，可分 3 个亚段。

第三亚段（Zbd¹⁻³）：为灰白色厚层块状白云岩，俗称"上白云岩"，向下磷块岩条带逐渐增多，当条带密集达到工业品位时，称为主磷矿层"上过渡带"，厚 5.96～18.26m。

第二亚段（Zbd¹⁻²）：上部 0.1～0.4m 为致密磷块岩，是宜昌磷矿主矿层位，在本矿区变薄；中部为黑色含钾页岩夹条带状磷块岩，P_2O_5 品位为 12%～20%，是主磷矿层的"下过渡带"，本矿区即以此为主，厚 0.6～2.10m；下部为黑色含钾页岩，厚 1.83～10.01m。

第一亚段（Zbd¹⁻¹）：为灰白色厚层状白云岩，俗称"下白云岩"，底部常过渡为基底式胶结的角砾状白云岩，厚 0.88～8.04m，与下界平行不整合。

下震旦统南沱组（Nh₂n）：为黄绿色冰碛砂砾岩，厚 0.57～8.30m，与下伏崆岭群呈角度不整合。

矿区地质构造简单，地层产状平缓，倾向北东转北西，形成向北倾伏的小向斜。次级褶皱不发育，断层均为规模不大的正断层，对银钒矿影响不大。

银钒矿层位于陡山沱组第四岩性段中下部位，单个矿体呈层状，长 200～4 000m，厚 1～5.5m，分上、下两个矿层，其间以 1～3m 的白云岩相隔。上矿层厚 1～3m，以钒为主，含银较低，V_2O_5 为 0.5%～0.7%，Ag 低于 $70×10^{-6}$，下含矿层厚 2～6m，为银钒共生矿体，含 Ag $10×10^{-6}$～$299×10^{-6}$，V_2O_5 1%～1.25%。含矿的黑色岩系主要为黑色伊利石页岩及暗灰色白云岩夹层，主要矿物为伊利石、石英、碳质，少量钾长石、斜长石、电气石、锆石、榍石等，黄铁矿和重晶石发育（张乾等，1995）。

据研究，陡山沱组是在海进—海退旋回中沉积的，海进时沉积了黑色富钾凝灰质粉砂岩，海退时沉积了磷矿层、白云岩及银钒矿层，黑色岩系形成于还原、低能的浅水环境。也有人认为白果园银钒矿层形成于滨海相滞流静水还原洼地内，物源供应不充分，生物活动强盛，沉积速度缓慢。沉积阶段有机质和黏土的吸附使进入海水的银钒固定在静水还原洼地的黑色岩系中，成岩阶段，由于有机质作用，硫呈还原态，与还原态 Fe^{2+} 重新组合成黄铁矿，呈吸附状态的银形成硫、硒银矿物被包于黄铁矿中，黏土物质形成含钒伊利石，使其具有工业利用价值。实质上，成岩阶段的变化、银钒的富集是层内自组织过程，有别于沉积改造，因为没有热液及外来组分的参与。因此，该矿床属典型的沉积-成岩成因矿床，其银与钒的共生是其他类型中少见的（雷义均等，2007）。

3. 白鸡河锌矿

白鸡河锌矿区位于上扬子台坪鄂中褶断区黄陵断穹西北冀近核部,由结晶基底及沉积盖层两部分组成,属比较典型的热液型锌矿床(图 3-10)。结晶基底主要由晚太古界—早元古界水月寺群的中深变质岩系组成;沉积盖层主要为震旦系陡山沱组、灯影组一套含碎屑

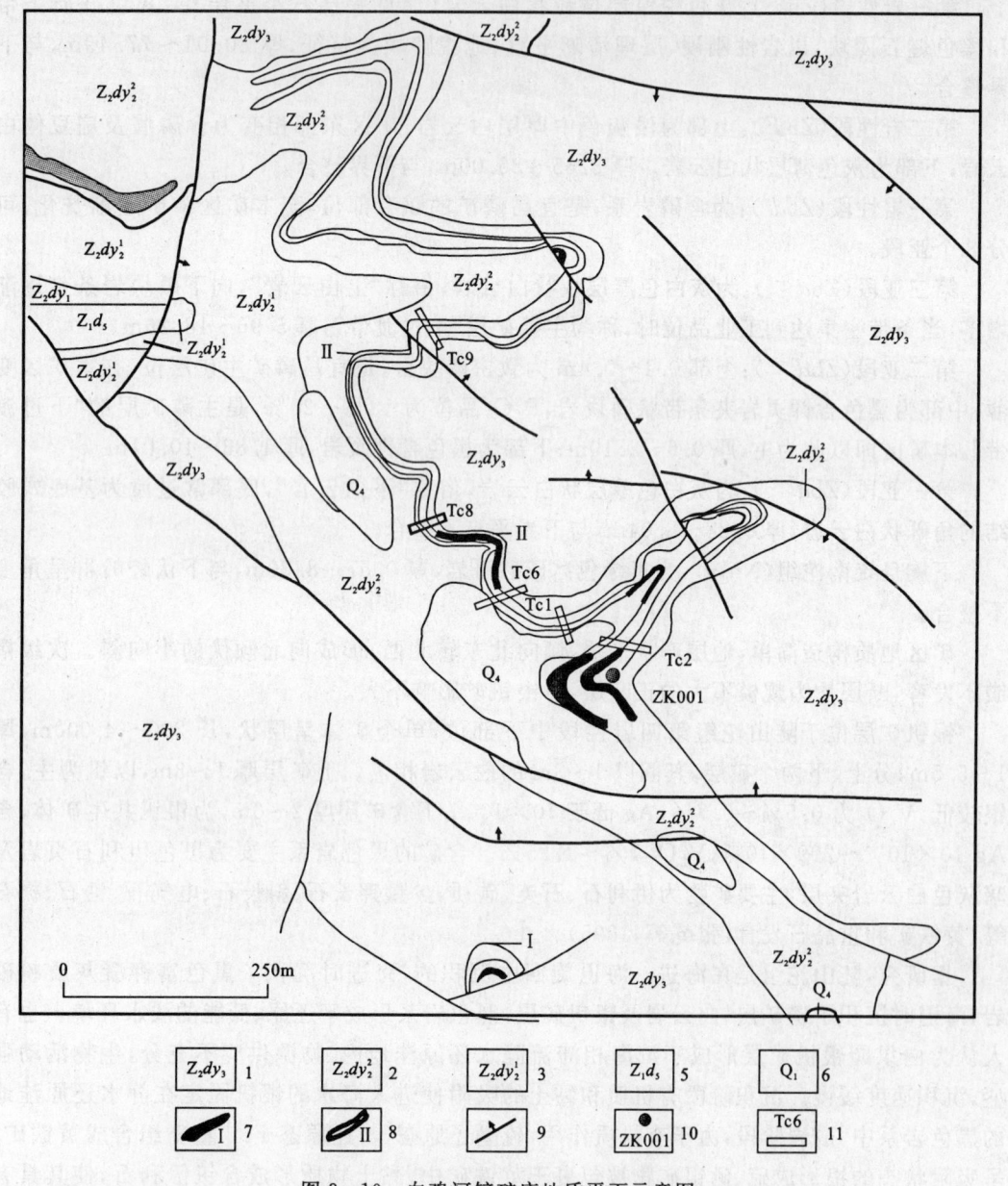

图 3-10　白鸡河锌矿床地质平面示意图

(雷义均等,2007)

1.上震旦统灯影组白马沱段;2.上震旦统灯影组石板滩上亚段;3.上震旦统灯影组石板滩下亚段;

4.上震旦统灯影组哈蟆井段;5.下震旦统陡山沱组;6.第四系;7.锌矿体及编号;8.锌矿化体及编号;

9.断层及产状;10.见矿钻孔;11.探槽位置及编号

的碳酸盐沉积建造,下寒武统牛蹄塘组地层在山顶见有零星分布,其中震旦系灯影组石板滩段为本区主要赋矿层,白马沱段中上部为次要赋矿层。区内构造主要由印支-燕山期构造运动形成。构造样式以宽缓褶皱和脆性断裂发育为主要特征。区域性断裂据其组合特征可以划分出近东西向、西北向、北东向、近南北向4组断裂系统。其中,北西向断裂组规模较大,亦是本区主要含矿及控矿断裂,如鹰嘴石、柴家坪铅锌矿即产于断裂带中,滩淤河、白鸡河锌矿即赋存于断裂破碎带旁侧的次一级断裂、裂隙带中(雷义均等,2007;刘圣德等,2009)。

白鸡河锌矿区Ⅰ号矿体含矿岩系特征,以 Tc1 探槽含矿岩系为例。

含矿岩系($Z_2 dn_3$)	**53.63m**
1.灰白色中厚层状泥晶云岩夹硅质条带,含弱褐铁矿化	5.20m
2.灰白色中厚层状泥晶云岩,含闪锌矿、黄铁矿化,沿裂纹分布	2.20m
3.浅灰—灰白色中—厚层状硅质泥晶云岩夹角砾状云岩,含闪锌矿、褐铁矿化,呈浸染状、团块状沿裂隙分布	6.10m
4.浅灰色厚层状泥晶云岩,弱褐铁矿化	2.60m
5.褐铁矿化闪锌矿、褐铁矿帽呈蜂窝状,夹角砾状云岩团块,在云岩团块中见闪锌矿呈浸染状、团块状分布,溶蚀构造发育	2.70m
6.浅灰—灰白色含褐铁矿、黄铁矿化角砾状泥晶云岩,褐铁矿化呈细脉状、团块状沿角砾间隙分布,可见溶蚀洞穴	3.85m
7.灰—青灰色厚层状褐铁矿化碎裂泥晶云岩,褐铁矿化呈细脉状、团块状沿岩石裂隙分布,局部见闪锌矿呈浸染状分布于岩石裂隙中,见溶蚀空洞	5.58m
8.青灰色褐铁矿化角砾状泥晶云岩,褐铁矿化呈团块状沿角砾分布	1.70m
9.灰白色厚层状褐铁矿化碎裂泥晶云岩,褐铁矿化呈细脉状、条带状分布	8.80m
10.浅灰—灰白色角砾状泥晶云岩,夹硅质薄层,偶见褐铁矿化细脉	6.20m
11.灰白色碎裂状泥粉晶云岩,后期方解石脉沿岩石裂隙充填	8.70m

白鸡河矿区Ⅱ号矿体含矿岩系特征,以 ZK005 钻孔 $Z_2 dn_2^2$ 含矿岩系为例。

上覆:灯影组白马沱段（$Z_2 dn^3$）,灰白色块状中细晶云岩。

—————————— 整 合 ——————————

灯影组石板滩段上亚段($Z_2 dn_2^2$)	**63.27m**
1.灰白色块状中晶云岩夹浅灰色粉细晶云岩	7.76m
2.浅—深灰色块状粉晶云岩	6.62m
3.浅灰色块状粉晶云岩夹深灰色角砾状褐铁矿化粉晶云岩	2.65m
4.深灰色角砾状含菱锌矿粉晶云岩,菱锌矿集合体呈细脉状、网脉状充填于稀疏角砾间或裂隙中,溶蚀构造极发育	11.20m
5.深灰色角砾状贫菱锌矿石,菱锌矿集合体呈细脉状、网脉状充填于角砾间或裂隙中,溶蚀构造较发育	1.39m
6.深灰色角砾状含菱锌矿粉晶云岩。菱锌矿集合体呈细脉稀疏充填于裂隙中,溶蚀构造发育	0.63m
7.深灰色角砾状贫菱锌矿石、菱锌矿石,角砾状、网脉状构造发育,菱锌矿集合体沿角砾间和裂隙、溶蚀构造充填	3.77m

8. 深灰色角砾状菱锌矿粉晶云岩,菱锌矿沿裂隙充填　　　　　　　0.99m

9. 深灰色块状粉晶云岩夹角砾状含菱锌矿粉晶云岩　　　　　　　　6.12m

10. 灰色—深灰色角砾状粉晶云岩夹粗晶云岩　　　　　　　　　　　7.09m

11. 深灰色角砾状褐铁矿化含菱锌矿粉晶云岩　　　　　　　　　　　6.33m

12. 深灰色角砾状粉晶云岩　　　　　　　　　　　　　　　　　　　2.57m

13. 深灰色角砾状含菱锌矿粉晶云岩　　　　　　　　　　　　　　　1.28m

14. 深灰色角砾状中晶云岩　　　　　　　　　　　　　　　　　　　1.24m

15. 深灰色块状粉晶云岩　　　　　　　　　　　　　　　　　　　　3.62m

——————————— 整　合 ———————————

下伏:灯影组石板滩段下亚段($Z_2 dn_2^1$):灰黑色薄—中层状粉晶云岩。

　　白鸡河锌矿区在区域上位于樟村坪、雾渡河、九里冲大断层及其夹持的断块内,以北西向、近东西向断层组为主,其次有近南北向及北东向断层组分布,断裂构造较为复杂。区内总体为一单斜地层,除局部少量地段表现为裙边褶皱外,整体上褶皱构造不发育。区域上雾渡河断裂、柴家坪断裂为本区主要控矿构造,断裂走向呈北西—北西西向。雾渡河断裂在区域上显示先张后扭性质,该断层带两侧由一系列次级断层组成,且多呈锐角或平行状分布于两侧,显示其二者间的成生联系。雾渡河断裂是叠加在韧性剪切带之上继承活动发展起来的区域断裂,多期活动明显,主要经历前震旦纪和显生宙的两大活动阶段,并显示出力学性质的多期次转化特点。其次级构造中以柴家坪断裂规模最大,区内出露长度大于6 950m,为黄陵断穹区域性正断层,东端柴家坪铅锌矿即产于该断裂带中。受上述两大主干断裂的影响,本区次级断裂构造极其发育,岩石破碎强度高,为矿化聚集提供了良好的空间。

　　可以用以下成矿模式来解释白鸡河锌矿的成因,即在区域地质构造的作用下,前期经历了压溶作用的脆性岩石破碎,在应力集中部位岩石碎裂程度增强,形成大小不一的岩石角砾,经后期持续岩溶作用,随着岩溶成熟度的提高,其后在构造应力作用下,发生塌积,致使岩石原生沉积结构构造被打乱,并形成现在所见的滑动结构面。后期含锌矿热液在热动力作用下被运移至此,随着温度变化,应力的释放,含锌矿化热液沿岩石角砾空隙及岩石裂纹充填。岩石层间藻类有机物质在热液作用下被析出,锌矿化物质出现侵位现象,于是便形成具粉屑结构、纹层状构造的含锌条带。随着热液流体对围岩的溶解,热液中的碳酸盐浓度增高,锌离子与碳酸根离子结合形成菱锌矿,或沿岩石裂纹交待形成菱锌矿。

　　4. 宜昌磷矿

　　宜昌磷矿北部地区地处扬子准地台鄂中褶断区黄陵断穹北翼,具典型的盖层加基底的二端元结构特征。上震旦统陡山沱组是区域主要含磷岩系,其中磷块岩发育地段主要在黄陵断穹北、东翼,呈北西—南东向弧形展布,南起晓峰,北至董家河、肖家河,西止白果园,延长达70km,面积340km²,共划分15个矿区(图3-11)。宜昌磷矿自上震旦统陡山沱组—寒武系共有6个含磷层位:由上而下分别赋存于寒武系牛蹄塘组($\in_1 n$)底部(Ph_6)、上震旦统灯影组第二岩性段的底部(Ph_5)、陡山沱组白果园段($Z_2 d_4$)顶部(Ph_4)、王丰岗段($Z_2 d_3$)底部(Ph_3)、胡集段($Z_2 d_2$)底部(Ph_2:中磷层)和樟村坪段中亚段($Z_2 d_1^2$)(Ph_1:下磷层)。其中Ph_3—Ph_6因厚度小、品位低、变化大而不具工业利用价值,仅Ph_2和Ph_1构成区内的工业磷矿层,其中以 Ph_2 为主要工业矿层,Ph_1 为次要工业矿层(冉瑞生,赵小明,2008;杨刚忠等,2008)。

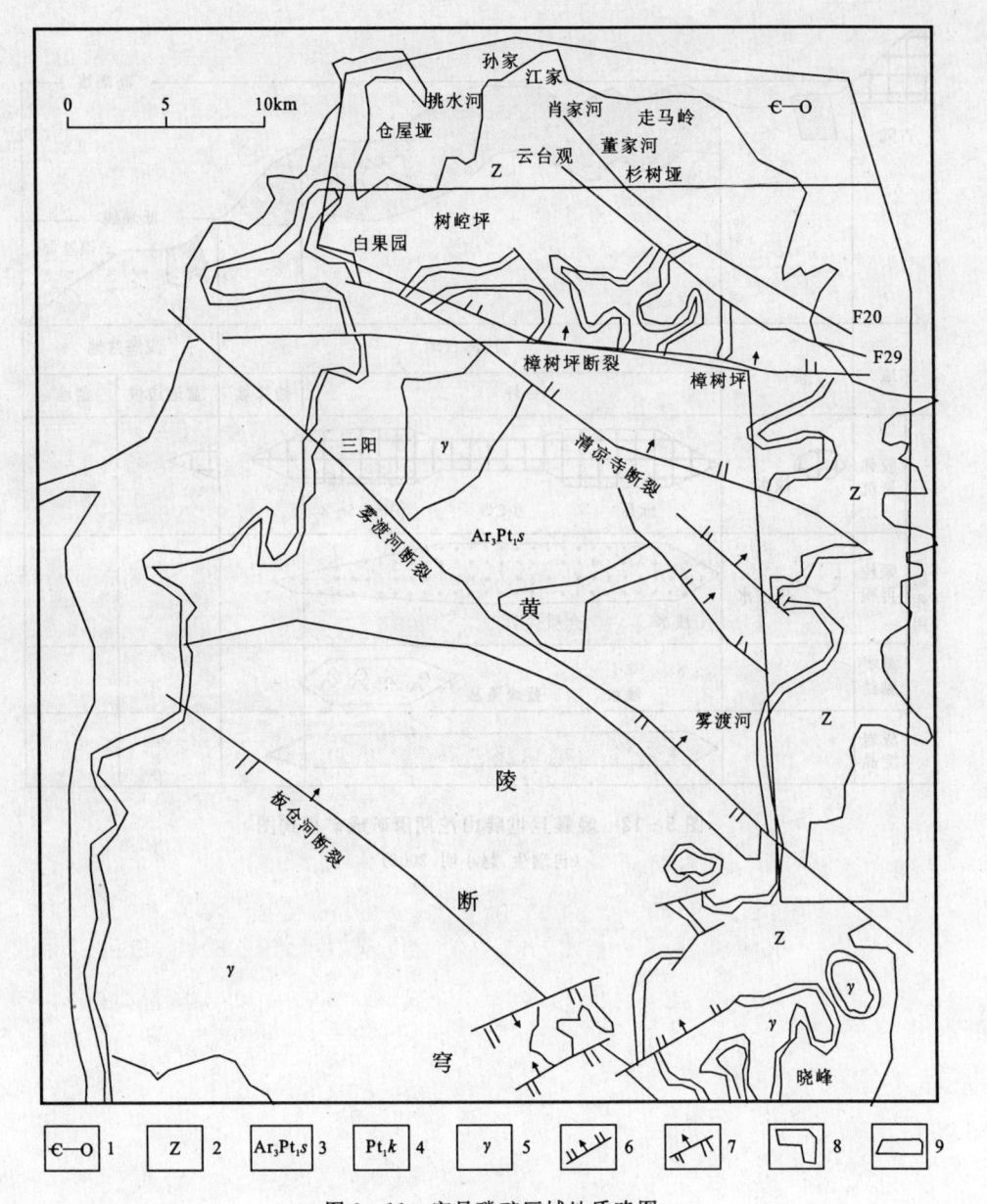

图 3－11 宜昌磷矿区域地质略图

(冉瑞生,赵小明,2008)

1.寒武系—奥陶系;2.震旦系;3.水月寺群;4.崆岭群;5.前震旦纪花岗岩;6.正断层;7.逆断层;
8.宜昌磷矿范围;9.宜昌磷矿北部地区

根据晚震旦世陡山沱期磷块岩与其有关的古构造、岩相古地理的关系,提出陡山沱期磷块岩成矿模式(图 3－12)。陡山沱期磷块岩成矿模式表明了磷块岩的形成与古构造、岩相古地理关系甚为密切,它明显地受一定的沉积相带的制约。具体反映了陡山沱期地史发展中所形成的滨岸相、浅海台地相、晚期浅海台地相和浅海盆地相 4 种沉积环境,浅海台地台坪磷块岩、泥(页)岩、白云岩亚相为陡山沱期磷块岩聚沉、富集的一个主要沉积相带。

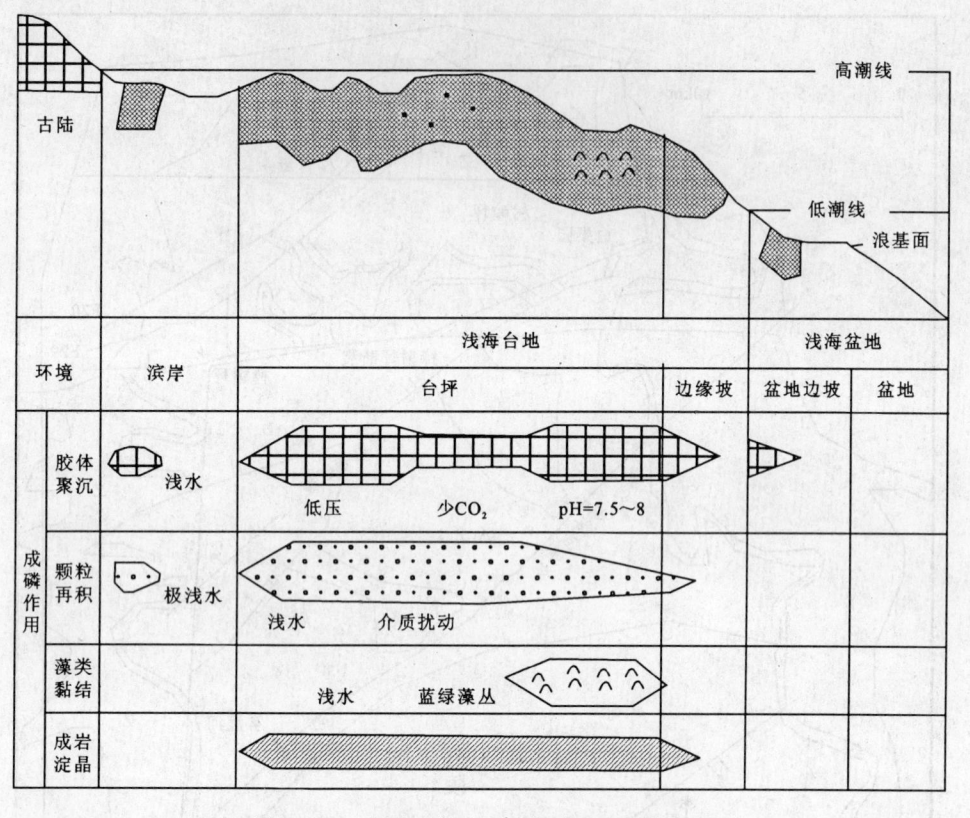

图 3 - 12　晚震旦世陡山沱期磷矿成矿模式图

(冉瑞生,赵小明,2008)

第四章 勘查地球化学野外工作方法与规范[①]

地球化学勘查根据其应用于不同地质、找矿阶段的目的,涉及的面积和要求工作的粗细程度大致可分为如下 3 类性质的工作。

一、区域化探(或称战略踏勘性化探)

其主要工作目的是发现由成矿远景区(带),矿田和大、中型矿床,以及某些地层、构造和火成岩的区域地球化学特征所引起的省的、区域的和局部地球化学异常。工作面积常常是数千平方千米或更大。常用工作比例尺为 1∶10 万、1∶20 万或 1∶50 万。采样密度(以水系沉积物测量为例)为 2 点/km²、(0.25~1)点/km²或(0.04~0.08)点/km²,详见区域地球化学勘查规范1∶20 万。

二、地球化学普查(或称普查化探)

主要目的是在区域化探阶段已圈出的各类省的、区域的或局部的地球化学异常范围内,以及根据化探、物探、地质资料所圈定的找矿远景区内,进一步缩小寻找目标物(矿床、矿体或其他地质体)的靶区,查明成矿有利地段和找矿有关的地球化学特征等。工作面积常在数百平方米至数十平方米或更小之间。常用工作比例尺为 1∶2.5 万~1∶5 万。采样密度(以水系沉积物测量为例)(4~8)点/km²。

应根据测区的地质、地理条件选用最合适的化探方法。可供选择的方法有水系沉积物测量、土壤测量、岩石测量、水化学测量、气体测量等。在一个 1∶5 万的图幅中或在一个成矿远景区(带)的几个图幅中,尽可能选用一种化探方法,以利于资料的对比研究和地球化学图的拼接。在某些特殊情况下,经方法试验证明,确因条件不同,采用一种方法不能取得效果时,允许采用两种或两种以上的化探方法。

1.水系沉积物测量

水系沉积物测量适用于我国大部分山区,是目前各种化探方法中成本最低、工作效率最高、效果较好的普查找矿方法。

1∶5 万水系沉积物测量的采样密度一般可在(4~8)点/km²之间选择。我国南方雨量充沛,水流速度中等山区,4 点/km²的密度已经足够。我国北方某些干旱山区,元素分散距离较短,采样密度应适当加密。在一些陡峻山区,由于水流湍急,矿化物质遭到冲刷,采样密

---

① 部分内容据区域地球化学勘查规范1∶20 万,地球化学普查规范1∶5 万,岩石地球化学测量规范,土壤地球化学测量规范,http://bbs.3s001.com/read.php? tid－2137.html 综合。

度也应增加。

水系沉积物测量的采样物质一般常以淤泥和粉砂为主,一般要求取－0.216mm(60目)或－0.172mm(80目)筛孔粒径的物质。也可根据找矿目的、矿种另行试验确定。为减少在一个测区内元素含量的跳动,采样物质一定要保持一致,要避免采集表层物质,以减少有机质及铁锰类物质的影响。在我国北方某些干旱、半干旱地区(如内蒙古中部和北部的一些地区、甘肃北山地区等),由于普遍发育风成砂,采取常规的－0.216mm(60目)或－0.172mm(80目)的水系沉积物,不能获得明显的异常显示。在这类地区的采样应根据不同自然景观区采用不同的取样粒级,水系发育的中山区取样粒级为－2mm(10目),水系不发育的残山丘陵区为－4.69mm(4目)～＋0.995mm(20目)和－0.108mm(140目)的混合粒级。无论采用哪种过筛粒度,都要保证过筛后的样品质量不少于120g,如样品需作金的测定,则应不少于150g。

水系沉积物的采样部位应选择在河床底部或河道岸边与水面接触之处,在间歇性水流地区或很少水流的干河道中应主要在河床底部采样。在水流湍急的河道中要选择在水流变缓处、水流停滞处、转石背后及河道转弯的内侧有较多细粒物质聚集之处采样。为了提高样品的代表性,应在采样点沿水系上下20～30m范围内进行多点取样。混合在一起组合成一个样品。

1：5万水系沉积物测量一般可采用地形图定点。先在1：2.5万或1：5万地形图上画出计划要进行工作的范围。在此范围内画出长宽各为0.5km的方格网。以4个方格(1km²)作为采样大格。大格的编号顺序自而右再自上而下。每个大格中有4个面积为0.25km²的小格,编号顺序自左而右、自上而下标号a,b,c,d。在每一小格中采集的第一号样品标号为1,第二号样品标号为2。每个采样点根据其所处的位置按上述顺序进行编号。如在某1：5万测区内编号为3的采样大格中各采样点的编号如图4-1所示。采样点可预先设计并标绘在地形图上。在采样过程中允许根据现场实际情况作适当修改,并将实际采样位置标定在图上。在野外实际采样点定位时,可根据地物、地貌标志确定或用罗盘交汇定位。定位误差在图上不大于2.5mm。为便于质量检查和异常检查,原则上每个采样点均应留有标志,每条水系的最上游采样点必须留有标志。

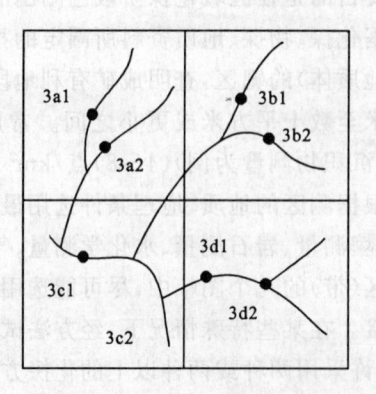

图4-1 水系沉积物样点布置

水系沉积物测量的采样点要求在全测区分布比较均匀。要尽量使绝大多数(90%以上)的采样格(大格)内都有采样点分布,使其不出现或很少出现连续5个以上的空白小格。当采用4点/km²采样密度时,小格内样品数不能超过2个;采用8点/km²采样密度时,小格内样品数不能超过4个。要求采用分布均匀并不是要求把所有采样点都布置在采样格子的中央,而是要求将采样点布置在每一个格子中能最大限度地控制汇水面积处。因此采样点应尽量布置在地形图上可以辨认出来的最小水系(大于300m)——即一级水系的末端和分支水系口上。如果水系较长还应在水系的中间增加采样点,使每一个采样点控制的汇水盆地

第四章　勘查地球化学野外工作方法与规范　　31

的面积大致在 0.125～0.25km² 之间，大于 0.25km² 的应增加采样点，小于 0.125km² 的可减少采样点。

采样小组使用的 1:5 万或 1:2.5 万地形图手图，每日野外工作结束后要将采样点着墨，以直径 2mm 小圆圈标定采样点，并编上样品号。同时要根据手图将其全部内容转绘到另一张同比例尺地形图上，制成采样点位底图。转点误差应小于 0.5mm。

2.土壤测量

在地形平缓、水系不发育的丘陵地区，以及在一些平坦的残坡积物覆盖的平原和准平原地区，可采用土壤测量进行 1:5 万化探普查。

1:5 万土壤测量的采样密度一般应比同比例尺水系沉积物测量要大。它的采样密度和采样点的布局，可按如下两种情况考虑：

(1)如果在本测区内欲寻找的目标物已知是呈带状分布，且其产状也已大致了解，则可以垂直目标物长轴方向布置较稀的测线来控制其延伸，以较密的点控制其宽度，使其不致遗漏，测线的线距应不大于 1:20 万区域化探异常长度的 1/2～4/5，点距应不大于 1:20 万区域化探异常宽度的 1/3～1/2，常用的测网为 500m×100m 或 500m×200m。

(2)如果在本测区内欲寻找目标物的形状复杂，或产状不明时，应布置方格网进行采样。常用的采样格子(或称采样单元)的面积为 0.25km²。每个采样格子内的采样点数为 3～6 个。相当于(12～24)点/km²。

采用土壤测量时应特别注意采样层位和粒度问题。在残、坡积土壤分布地区，一般在距地表 20～50cm 深处的 B 层(淋积层)或 C 层(母质层)中采样可以获得良好的效果。在我国南方一些发育有较厚层残积土的地区，在距地表 20～50cm 深处采样，往往不能获得满意结果，需要加深在 50～100cm 深处采样，才能获得清晰的异常；在一些为冲积物、冰碛物、风积物、耕植土或其他外来搬运物所覆盖的地区进行采样时，通常应穿过这些覆盖物，在原地的残积、坡积层中采样，采样深度需经过试验确定；在有些地区的覆盖层中既有原地的残积、坡积物，又有大量外来物(如风成砂)混杂其中，如在我国北方一些干旱或半干旱地区。在这类地区要根据情况或穿过混有风成干扰物的覆盖层进行采样或筛取＋0.45～0.5mm 粗粒级的物质均能获得很好的异常显示。土壤测量的采样粒度一般要求过 0.216mm(60 目)筛孔。每一样品过筛后(干燥后)的质量应不小于 120g。如果样品需作金的测定时，采样质量(干燥后)应不小于 150g。为了使所采样品具有较好的代表性，在采样时，特别是进行金矿化探时，可采取在采样点周围点线距的 1/3 范围内多点采样均匀混合成一个组合样的方法。

采用水系沉积物测量或土壤测量进行矿产普查，能否取得成效，在很大程度上取决于采用的工作方法是否合理。上述各条只是一些应遵循的一般原则。我国各省、区或同一省、区的各地区的地理、地质条件差异很大，决非几条一般原则所能概括。因此，在进行面积性水系沉积物测量前或土壤测量前一定要选择若干处已知矿床或矿点进行采样密度(网度)、采样物质、层位和粒度的试验，并应以试验结果为依据编写设计和确定野外工作方法。

3.岩石测量

岩石测量的采样工作和样品加工等方面的工作效率较低，成本较高，因而很少在大范围内开展面积性岩石测量。只有在如下 3 种情况下可以采用岩石测量方法进行 1:5 万矿产普查：

(1)在一些特殊地区,地形平缓,水系不发育,地表基本没有残坡积土,但岩石出露较好。水系沉积物测量和土壤测量均不能使用时。

(2)在有些地区虽然已进行水系沉积物测量或土壤测量,但为了要进一步查明异常源的确切位置、查明是否有新的含矿层位、查明构造带或岩体的含矿性或圈出含矿构造带的富集地段等目的,而认为水系沉积物测量和土壤测量所提供的资料仍不能满足要求时。

(3)在进行大规模水系沉积物测量或土壤测量工作的同时,为了帮助水系和土壤异常的推断解释,需要获得某些岩体、地层或不同岩性中的元素丰度值时,但测区范围不宜太大,且一般应根据其工作目的有针对性地布置采样工作。

例如:为了查明水系或土壤异常浓集中心的确切位置,可在略大于异常的范围内布置几条剖面线进行岩石采样;为了查明构造带的含矿性,可布置若干条垂直于构造带的短测线采集岩石样品;为了查明是否存在新的含矿层位,可布置几条垂直于地层走向的长测线进行岩石采样;为了评价岩体的含矿性,可在测区内的几种典型岩体中各采集数十个岩石样品等。要尽量避免在数百甚至上千平方千米的范围内进行面积性岩石采样。如果属于上述第一种情况必须进行岩石采样时,也应该首先选择最有成矿条件的局部地区内进行,待取得效果后再逐步扩大测区面积。1:5万面积性岩石测量的采样密度可控制在(4~12)点/km² 之间。

由于元素在岩石中的分布是很不均匀的,采样时应在采样点周围点线距的1/3范围内均匀敲取数块同种岩性的岩石碎块组成一个样品。只采集一块手标本的方法或物性测定的采样方法,对于地球化学研究都是不适宜的。岩石样品的采样质量一般应控制在150~200g 之间。

4. 水化学测量

水化学测量,目前在我国实际找矿工作中使用较少。原因是此方法的季节性影响较大,要求测区内的全部野外取样工作,在气候条件基本一致的情况下完成,否则将造成异常从而导致推断解释上的困难。但水化学测量如果以上升泉水或井水作为主要采样对象时,能在一定程度上避免气候条件的影响,且具有反映深部矿化的能力,因地制宜地利用这些特点,有时能取得很好的找矿效果,如我国北方干旱或半干旱地区中的某些水系或干沟均不发育的风成沙覆盖地区。在这些地区水系沉积物测量和土壤测量均不易取得效果。但由于区内水井分布较多,因此利用这些水井采集井水的水化学方法有时能获得较好的效果。

5. 气体测量

开展化探普查时,如果需要使用汞蒸气测量方法,其方法技术要求按《汞蒸气测量规范》执行。

6. 样品加工

采集样品要防止沾污。装样品的布袋,无论是新的或是已使用过的旧样品布袋都要经过洗涤后才能使用。如果样品是在水中采集的水系沉积物,则当样品装入布袋后,应用手挤干,以避免样品中元素以液相相互渗透造成样品污染。

装在布袋中的样品一般应在野外驻地晒干,有条件的也可在自动温度控制的电烘箱内烘干。但箱内温度不能超过 60℃,不论哪一种干燥方法,在干燥过程中要不时揉搓样品,以免土质结块。干燥后的样品要用木锤轻轻敲打以使黏土胶结物中的颗粒解体。

样品干燥后,按设计规定的粒度在野外驻地进行过筛。过筛处理后的样品应采用对角线折叠法混均,然后放入塑料瓶或纸袋中,其质量应不小于120g。如果需要测定金或被测元素较多时,质量应不小于150g(野外样品加工流程见图4-2)。

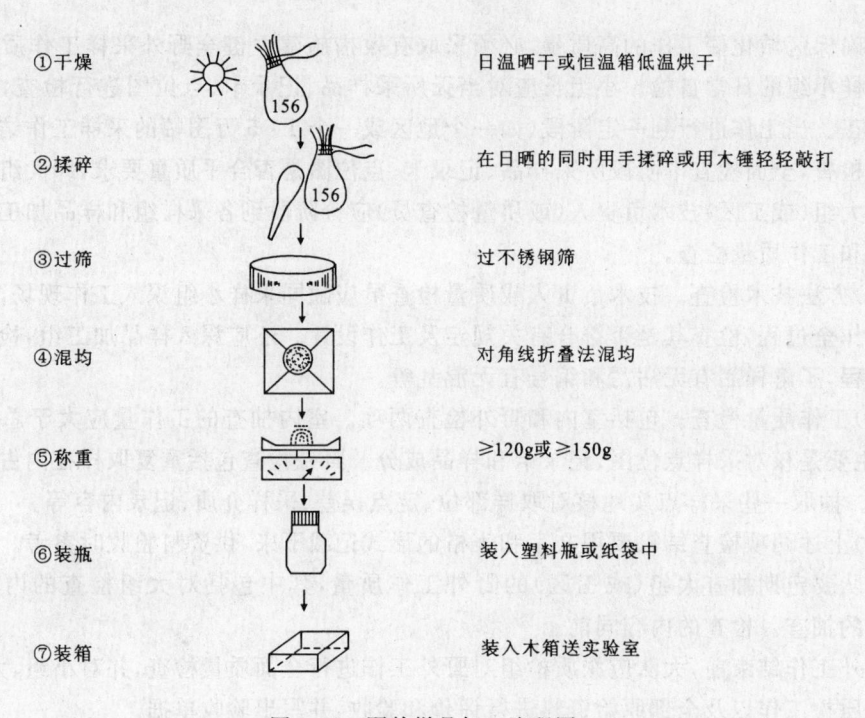

①干燥		日温晒干或恒温箱低温烘干
②揉碎		在日晒的同时用手揉碎或用木锤轻轻敲打
③过筛		过不锈钢筛
④混均		对角线折叠法混均
⑤称重		≥120g或≥150g
⑥装瓶		装入塑料瓶或纸袋中
⑦装箱		装入木箱送实验室

图4-2 野外样品加工流程图

1:5万水系沉积物测量样品不作组合样处理。当进行1:5万土壤测量且采用较密点距的测网进行工作时,是否可采用组合样方法以减少样品的分析工作量的问题,应视本项1:5万化探工作的设计要求和样品组合后能否达到预期工作目的而定。

岩石样品在野外一般不进行加工,只需将样品晒干装箱送实验室加工处理。

在野外加工处理样品时,防止样品间相互污染。因此,每处理完一个样品后,凡是和上一个样品接触过的筛子、台秤等物都要清理干净,然后再进行下一个样品的加工处理。每一个样品的编号、登记,填写送样单等工作要做得准确无误。应明确,野外样品加工工作是整个化探野外工作的最后一道工序,它的好坏将直接影响化探成果反映。因此,应和采样工作一样,每天工作完毕后要有专人进行质量检查,其质量评定标准由实施单位自定。

三、地球化学详查或异常检查(或称详查化探)

主要工作目的为在区域化探和地球化学普查阶段获得的有意义的局部异常范围内,查明异常和矿体的空间关系,以便为山地工程的定位提供依据。工作面积常在0~100km²之间,常用工作比例尺(1:5000)~(1:1万)之间,采样密度(土壤测量为例)(100~200)点/km²,或大于200点/km²。点线距为(100m×20m)~(500m×20m)。

四、野外工作质量检查

为确保区域化探工作的高质量,必须采取有效措施建立健全野外采样工作质量检查制度。采样小组的日常自检。小组长应对当天所采样品、记录卡、点位图进行检查,发现问题及时纠正。当工作进行到一定阶段(如一个地区或一个 1∶5 万图幅的采样工作结束)时,作阶段性检查,全面检查本阶段所采样品、记录卡、点位图是否合乎质量要求,即大组(或工区)检查。大组(或工区)技术负责人(或质量检查员)应分阶段到各采样组和样品加工组进行方法技术和工作质量检查。

(1)方法技术检查。技术负责人或质量检查员应随同采样小组深入工作现场,观察野外采样工作全过程,检查其是否符合有关规定及工作设计。还应深入样品加工组,检查样品加工全过程,了解样品有无沾污和编号有无混乱等。

(2)工作质量检查。包括室内和野外检查两项。室内抽查的工作量应大于总工作量的10%,主要是核对采样点位图、记录卡和样品成分。野外检查包括重复取样在内占总工作量的 5%。抽取一些采样点实地核对取样部位、定点误差、采样介质、记录内容等。

(3)上述两项检查结果要用文字和表格的形式记载下来,供资料验收时参考。

分队要定期抽查大组(或工区)的野外工作质量,其中包括对大组检查的内容作适量(10%)的抽查。检查的内容同前。

野外工作结束前,大队应派质检组对野外工作进行全面质量检查,并对小组、大组、分队三级的质检工作以及全部原始资料进行评价和验收,并写出验收单据。

五、GPS 的使用

1. GPS 简述

GPS 是美国卫星导航系统。由 24 颗卫星组成;轨道高度约 20 200km,分布在 6 条交点互隔 60°的轨道面上;定位精度约为 10m。单位常用的 GPS 为"奇遇",也有少量的"小博士"、"GPS72"、"麦哲伦 315"等型号,这些 GPS 的使用和设置等方面大同小异。以下提到的GPS 都是以"奇遇"为例。

我们工作中经常用到两种坐标,即大地坐标系和平面直角坐标系。

大地坐标系(经纬度):以度分秒显示,这个坐标系与工作区、参数设置均无关,地球上的每一点,都有唯一的坐标;分为东经和北纬。优点是唯一,缺点是平时判图、识图时不方便。

平面直角坐标系:是以我们常用的公里网的数值为坐标的一个坐标系。这个坐标种类比较多,我们经常用到的是北京 54 和西安 80 这两个坐标系。总体说,以往的地形图都是北京 54 坐标系,新近测制的地形图多用西安 80 坐标系,一般 1∶5 万的地形图多用北京 54 坐标系。

在实际工作中,区分北京 54 坐标系和西安 80 坐标系需要看原始图件,看是采用的哪种坐标系。具体说,自己写设计并野外施工时,看原始地形图图框下面的坐标系内容,就知道自己采用的坐标系了。

我们工作中的坐标和数学中的坐标是相反的,具体说,数学中,横坐标是 X,纵坐标是

Y。但在坐标系中，横坐标是Y，纵坐标是X。这点一定要注意，主要是填表、写报告时，涉及X的就填写纵坐标，Y的填写横坐标。横坐标(Y)是8位，前面两位是坐标带序数，填表时，地方项目可以省略不填，但国家项目不允许省略，需要填写完整；纵坐标(X)是7位，填表格时，不能省略。

投影带类型分为3°带和6°带（图4-3）。

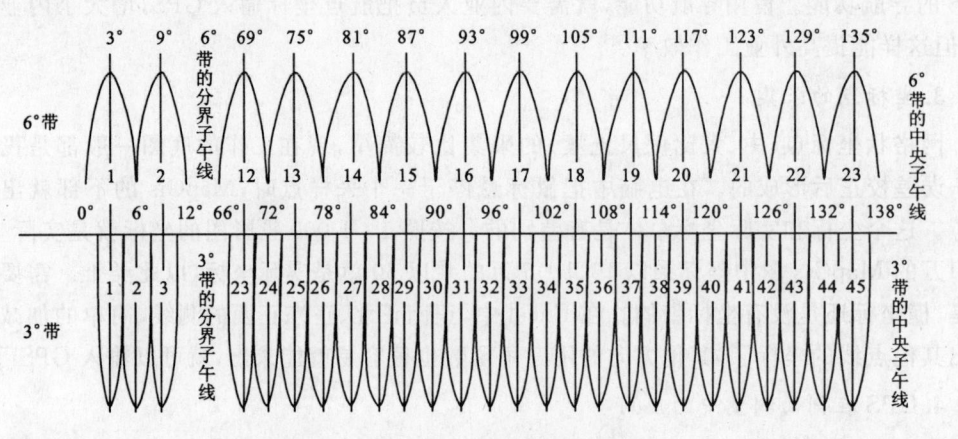

图4-3　3°带和6°带的划分示意图

(1)3°带是把经度按3°划分，$1.5°\sim4.5°$为第一带，依次类推。主要是在大比例尺(1：1万或更大比例尺)图中使用。

(2)6°带是把经度按6°划分，每6°划分为一个分带。我们常用的是6°带。

这里涉及一个概念，就是"中央经线"。在6°带中，每个分带的中间值，就是中央经线。比如，你的工作区在东经110°左右，那么，6°分带，就是在$108°\sim114°$之间，中央经线就是111°。具体的计算公式为：经度÷6后取整数部分，乘以6后加3。如110°左右的工区：$110\div6=18.33$，取整为18，$18\times6+3=111$，即为中央经线。这个数值在GPS中是需要设置的，所以，必须会计算中央经线的数值。坐标带序号，如果有1：5万地形图，就比较简单了，看横坐标最前面的两位，就是坐标带的序号了；如果没有地形图，就看工作区的经度。具体计算公式为：经度÷6，取整数部分加1，即为坐标带序号。如110°，就是$110\div6=18.33$，取整为18加1为19，即坐标带序号。坐标带序号和中央经线之间的换算公式为：坐标带序号$\times6-3$。比如，坐标带序号为19的中央经线为：$19\times6-3=111$；坐标带序号为20的中央经线为：$20\times6-3=117$。坐标带序号在MapGis作图中经常要用到。

2.GPS使用中的一些问题

如果使用没有进行设置的GPS，在卫星界面显示的是经纬度坐标，这个坐标是不需要进行设置的。

GPS在长时间断电或关机状态下移动距离超过500km，就需要初始化GPS了。否则，GPS会长时间捕捉不到卫星。具体方法是：在卫星界面和在本页菜单下，有初始化位置选项，进入后，有自动和使用地图两个选项，选择自动，就可以了。

关于DX、DY、DZ三个参数的收集，这3个参数，基本在一个坐标带序号内就可以使用一样的。就是说在一个6°带可以使用一样的参数。在新疆、内蒙古我们经常会设有这3个参数。如果不设置这 3 个参数,GPS 的误差大概在 50～100m。收集这 3 个参数,一般来说当地的国土局、林业局、草原管理站等单位都可能有,当地兄弟单位也可能有。如果到了一个新的地区,就要去这些单位收集这些参数。

使用 GPS 取样、跑路线、布设测线、剖面测量等等,这些工作,最好采用 GPS 导航功能。使用导航功能,能减少读图、判图时间,提高工作效率。特别是对新手来说,更应该使用 GPS 的导航功能。使用导航功能,就需要内业人员把航点坐标输入 GPS,增大了内业工作量,但这样能提高外业工作效率。

3. 坐标点的采集

网格状坐标点(中、大比例尺土壤)的采集比较简单,现在工作的底图一般都是投影变换—误差校正后形成的。在电脑中把鼠标悬停于一个采样点时,MapGis 的下部就出现坐标了。这个坐标和实际坐标总体是有差别的。按照 1∶1 000 投影图的坐标就是实际坐标,1∶1万的 MapGis 图中坐标乘以 10、1∶5 万的乘以 50 就是实际坐标,以此类推。需要注意的是,横坐标还是没有坐标带的。在 Excel 中,正南正北、正东正西的测线,简单的加减就能求出其他点线的坐标了,其他方向的用三角函数也很容易就能求出,就可以输入 GPS 了。

4. GPS 在剖面测量中的应用

现在的地质剖面测量,在设计中普遍采用的是测绳加罗盘的工作方法,这种方法速度和精度都不能保证。在高植被覆盖区,测绳很难拉直,距离不能保证。罗盘在实际使用中,小于 3°～5°的坡度角及方位角不能准确读出,这个在实际工作中,大家可以做一下试验,一起用罗盘测量一个指定点的方位,看相互之间的误差有多少。使用 GPS 测量剖面,在短距离时,优势不明显,因为 GPS 的随机误差也在 5～10m。但在长距离测量时,GPS 的优势就明显了。如在长度为几千米时的剖面测量中,GPS 的误差还是只有 5～10m,相对误差几乎可以忽略不计了。

需要尽可能地穿透工区的所有岩层,导线的方位尽可能垂直于岩层走向。

剖面测量首先说一下导线号的概念,剖面的起点为 0,第一个拐点为 1,以此类推。而拐点则是角度发生变化的位置,这里的角度变化包括水平角及坡度角。就是说只要这两个角度的任何一个发生改变,就需要换导线了。

这是剖面在水平方向上的角度变化较小时,把平面图的拐点垂直投影到剖面上的一种画法。这样垂直剖面的长度和水平导线的长度是一致的。

另一种情况是导线在水平方向上,变化较大,就不能用垂直投影了,需要把导线水平打开后投影,这种情况下,两个图的长度就不一样了。

首先说一下,这个表本身是不带横格的,在使用中,根据自身需要,添加横格。

第一列　导线号:就是 0-1、1-2 以此类推,也就是前面说的角度变化后,所给的导线号。

第二列　方位角:是本导线的水平方向上的角度,也就是我们平时说的方位。外业施工时,按设计的导线点导航就行,或用罗盘大概看方向,不需要知道具体数值。内业填表时,看这个方位角的办法后面有详细说明。

第三列　斜距:是本导线的斜距。用测绳、罗盘测制剖面时,就是测绳的长度,是已知数;而用 GPS 测制剖面,这个数据是未知数,需要计算求得。

第四列　坡角：是本导线的坡度角，分正、负，上坡为正，下坡为负。用测绳、罗盘测制剖面时，这个数是已知数；用GPS测制剖面，这个数是未知数，需要计算求得；第四列的计算，就是简单地用三角函数及反三角函数计算求得，用计算器及Excel都能计算。

第五列　平距：是本导线的平距，用测绳、罗盘测制剖面时，这个数是未知数，需要计算求得；用GPS测制剖面，这个数是已知数。具体方法是外业测量时，用导航的方法，看与导线点之间的距离就是平距。内业时，在MapSource中，用距离/方位工具，可以直接量取。具体方法是点选"距离/方位工具"，选择第一个导线点，再继续选择第二个导线点，然后不动鼠标，看MapSource的下部就能看见方位角和距离（平距）了。

第六列　高差：是本导线两个端点的高差，也分正、负，上坡为正，下坡为负。

第七列　累计平距：是到本导线为止，剖面的累计平距。

第八列　累计高差：是到本导线为止，剖面的累计高差。

第九列　倾向/倾角(α)：指地层的倾向、倾角，参与计算的α指的是倾角，倾向不参与计算。

第十列　导线与走向间夹角(γ)：指的是导线与地层走向间的锐角。

第十一列　真厚度：不同岩性、不同导线的真厚度要分别计算。计算公式中的±，表格中本身有说明。简单地说：就是导线上坡地层倾向前倾的是正（＋）号，反之是负（－）号；导线下坡地层倾向前倾是负（－）号，反之是正（＋）号。需要注意的是侵入岩是不计算厚度的，只有地层需要计算厚度。

第十二列　分层代号：就是沉积岩中每一层的代号，由老至新排列。需要注意层之间的对应。

第十三列　厚度：就是一个层位在不同导线中所有真厚度之和。

第十四列　地质描述：是指第十三列中所求厚度的这一个地层的地质描述。当然，岩性肯定一样，否则就不会是一层了。

第五章　教学与科研成果简介

自 2005 年开展稀归教学基地地球化学教学实习以来,部分学生(本科生和研究生)在教师的指导下,针对区域基础地质问题开展了地球化学研究,取得了许多有意义的积累。本章介绍其中的部分成果。

一、南华纪—寒武纪地层风化过程元素和 Sr－Nd 同位素地球化学行为与意义

张永清等(2008)以峡东地区南华纪、震旦纪和寒武纪的标准地层泥岩、冰碛泥岩、砂岩、灰岩和白云质灰岩及对应的风化土壤为研究对象,分析了地层风化成土过程中不同元素的迁移行为,根据剖面样品的 Sr－Nd 同位素组成变化,探讨了其同位素体系的封闭性特征与应用意义。研究结果表明:

(1)不同岩性基岩在成土过程中的蚀变强度有明显的差异,在相似地表条件下,碳酸盐岩风化剖面的风化程度高于泥质岩和砂岩。

(2)通过对比高场强 Ti 元素在基岩和风化剖面中的含量变化(图 5－1),计算出土壤样品在风化过程中体积相对基岩发生的改变量,进而计算出不同岩性基岩在风化过程中微量元素的绝对含量变化,以探讨这些元素的活动规律。结果揭示,灰岩和白云质灰岩的风化剖面元素含量变化明显,而在泥质岩风化过程中大多数元素保持了相对稳定,说明沉积岩风化过程中元素的活动性特征明显地受到了原岩矿物组成的制约。风化过程中,不同性质元素的活动性差异明显,其中亲硫元素(Cu、Zn、Pb、Mo)和大离子亲石元素(Rb、K、Sr、Ba)在不同岩性的风化剖面中均表现出明显的元素含量变化,而高场强元素(Zr、Hf、Nb、Ta)含量则

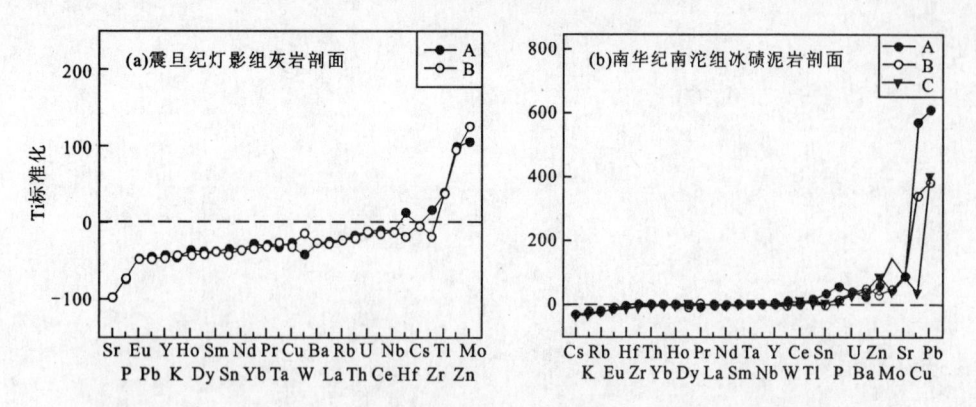

图 5－1　峡东地区南华纪—震旦纪地层风化剖面多元素的 Ti 含量标准化图

(张永清等,2008)

第五章　教学与科研成果简介　　39

相对稳定。

（3）泥质岩风化形成的土壤层 REE 含量变化较小，而碳酸盐岩风化土壤层 REE 含量发生了明显下降，且其风化形成的土壤表现出 LREE 和 HREE 相对于 MREE 的富集。无论是碳酸盐岩或泥质岩风化形成的土壤，均出现了明显的 Eu 负异常和 Ce 的正异常，但在其原岩中这些异常并不存在或不明显。

（4）基岩与土壤剖面间 Sr 同位素组成和 Rb/Sr 比值存在明显的差异，Rb－Sr 同位素组成发生了明显的开放（表5－1）。所形成土壤层的 Sr 同位素组成受到原岩性质和外来组成的 Sr 同位素比值这两种因素的约束，因此在总体上，风化土壤的 Sr 同位素组成已不能代表基岩的 Sr 同位素组成（图5－2）。

表 5-1　峡东地区南华纪—寒武纪风化剖面主量—微量元素和 Sr-Nd 同位素组成

剖面名称		灯影组灰岩剖面（1）			灯影组白云质灰岩剖面（2）			牛蹄塘组灰岩剖面（3）	
样号		1R	1A	1B	2R	2A	2B	3R	3AB
样品性质		基岩	A层土	B层土	基岩	A层土	B层土	基岩	AB层土
部分主量元素（%）	Ti	0.04	0.53	0.52	0.02	0.35	0.37	0.03	0.44
	Al	0.64	6.87	6.53	0.24	6.52	6.78	0.52	6.74
	Fe	0.45	3.25	3.19	0.52	3.56	3.91	0.50	3.53
	Mn	0.01	0.09	0.09	0.01	0.05	0.06	0.01	0.09
	Mg	2.52	0.68	0.66	11.50	3.17	3.63	3.81	1.39
	Ca	31.70	0.48	0.45	21.30	5.86	5.03	32.50	3.61
	Na	0.14	0.68	0.65	0.04	0.33	0.29	0.05	0.53
	K	0.25	1.89	1.91	0.05	2.13	2.40	0.25	1.43
	P	0.02	0.07	0.06	0.02	0.11	0.10	0.02	0.06
微量元素（ug/g）	B	1.46	34.50	35.40	1.59	37.00	39.90	2.28	45.30
	V	9.14	119.00	110.00	5.21	199.00	144.00	7.28	86.50
	Cr	9.10	78.10	75.10	4.00	90.90	97.20	11.50	79.30
	Co	1.84	14.90	13.90	1.06	13.00	15.40	1.58	13.00
	Cu	2.57	26.20	23.90	4.31	40.70	42.70	2.38	17.80
	Zn	2.92	80.50	77.50	14.20	112.00	123.00	3.12	51.30
	Ga	1.75	15.20	14.50	0.86	16.20	17.00	1.37	16.70
	Rb	9.80	105.00	101.00	1.34	104.00	111.00	9.14	86.90
	Sr	649.00	70.40	67.10	152.00	123.00	83.20	610.00	89.00
	Y	3.66	28.40	26.50	3.54	30.9	30.90	3.03	32.60
	Zr	17.10	276.00	190.00	4.47	152.00	162.00	12.40	221.00
	Nb	1.41	17.20	17.00	0.55	12.40	13.80	2.06	15.50
	Mo	0.13	3.66	3.92	0.12	8.56	4.32	0.28	0.83
	Cd	0.01	0.19	0.21	0.04	0.28	0.20	0.01	0.13

续表 5-1

剖面名称		灯影组灰岩剖面（1）			灯影组白云质灰岩剖面（2）			牛蹄塘组灰岩剖面（3）	
样号		1R	1A	1B	2R	2A	2B	3R	3AB
样品性质		基岩	A层土	B层土	基岩	A层土	B层土	基岩	AB层土
微量元素 (ug/g)	Sn	0.35	3.21	2.75	0.10	3.17	3.53	0.30	3.17
	Cs	0.49	6.73	6.45	0.09	9.68	11.60	0.53	7.04
	Ba	62.70	626.00	610.00	76.80	554.00	510.00	44.60	355.00
	La	3.35	35.10	32.90	4.81	32.50	35.10	3.08	34.30
	Ce	6.62	83.60	77.50	6.06	63.50	73.00	5.42	76.00
	Pr	0.77	7.53	7.24	1.04	7.33	8.05	0.61	8.22
	Nd	3.05	27.40	26.50	4.11	28.10	30.00	2.61	30.60
	Sm	0.59	5.06	4.94	0.72	5.56	5.91	0.49	6.19
	Eu	0.15	1.05	1.04	0.16	1.14	1.18	0.10	1.26
	Gd	0.54	4.32	4.13	0.62	4.86	5.10	0.45	5.40
	Tb	0.09	0.70	0.67	0.09	0.78	0.82	0.07	0.85
	Dy	0.54	4.62	4.33	0.52	4.72	4.99	0.45	5.31
	Ho	0.11	0.94	0.83	0.10	0.98	1.02	0.09	1.04
	Er	0.31	2.75	2.51	0.23	2.89	2.89	0.25	2.95
	Tm	0.04	0.41	0.38	0.03	0.41	0.43	0.04	0.46
	Yb	0.29	2.85	2.58	0.20	2.61	2.86	0.22	3.04
	Lu	0.05	0.44	0.39	0.03	0.41	0.42	0.03	0.45
	Hf	0.47	7.35	5.28	0.12	3.99	4.28	0.35	5.70
	Ta	0.12	1.09	1.14	0.05	0.85	0.96	0.10	1.07
	Tl	0.05	0.92	0.89	0.01	1.25	1.33	0.04	0.63
	Pb	3.09	23.40	21.70	2.82	30.60	32.70	6.08	32.00
	Th	1.11	12.80	11.90	0.28	12.00	13.50	0.91	12.50
	U	0.40	4.81	4.74	0.35	6.90	5.56	0.35	2.84
同位素	$^{87}Sr/^{86}Sr$	0.709 317	0.726 106	0.726 997	0.708 817	0.719 136	0.723 576	0.709 004	0.717 604
	$2\sigma_m(10^{-6})$	3	8	3	2	3	3	4	9
	Rb/Sr	0.02	1.49	1.51	0.01	0.84	1.34	0.01	0.96
	$^{87}Rb/^{86}Sr$	0.044	4.325	4.375	0.026	2.446	3.873	0.043	2.776
	$(^{87}Sr/^{86}Sr)_0$	0.708 925	0.687 240	0.687 680	0.708 588	0.697 154	0.688 774	0.708 668	0.696 114
	$^{143}Nd/^{144}Nd$	0.512 008	0.512 013	0.512 001	0.511 926	0.511 988	0.512 026	0.511 979	0.512 053
	$2\sigma_m(10^{-6})$	2	2	1	2	2	1	4	1
	Sm/Nd	0.19	0.18	0.19	0.18	0.20	0.20	0.19	0.20
	$^{147}Sm/^{144}Nd$	0.117 1	0.111 5	0.112 7	0.106 5	0.119 6	0.119 0	0.113 0	0.121 8
	$(^{143}Nd/^{144}Nd)_0$	0.511 525	0.511 553	0.511 536	0.511 486	0.511 494	0.511 534	0.511 577	0.511 620
	$T_{DM}(Ga)$	1.80	1.69	1.73	1.74	1.88	1.80	1.77	1.81

续表 5-1

剖面名称		牛蹄塘组泥岩剖面(4)		南沱组冰碛泥岩剖面(5)				莲沱组砂岩剖面(6)		
样号		4R	4AB	5R	5A	5B	5C	6R	6A	6C
样品性质		基岩	AB层土	基岩	A层土	B层土	C层土	基岩	A层土	C层土
部分主量元素(%)	Ti	0.42	0.36	0.36	0.43	0.47	0.48	0.10	0.49	0.58
	Al	7.54	6.78	6.58	7.20	7.47	7.25	3.14	10.8	12.8
	Fe	4.42	3.99	3.73	3.69	3.75	3.63	1.05	3.97	4.43
	Mn	0.03	0.04	0.05	0.14	0.17	0.20	0.03	0.09	0.08
	Mg	1.23	1.64	1.17	1.16	1.17	1.10	0.10	0.79	0.94
	Ca	3.84	7.56	0.31	0.49	0.48	0.41	0.60	0.35	0.36
	Na	0.65	0.25	0.31	0.92	1.03	1.03	1.35	1.72	1.46
	K	2.74	2.26	3.06	2.86	2.79	2.74	1.58	4.28	5.47
	P	0.07	0.08	0.05	0.09	0.08	0.07	0.01	0.04	0.03
微量元素(ug/g)	B	55.40	62.10	53.20	28.40	26.60	30.10	8.53	28.40	38.50
	V	147.00	136.00	62.20	75.20	77.80	78.40	10.80	119.00	156.00
	Cr	102.00	89.10	73.50	67.90	67.60	64.90	18.20	87.80	108.00
	Co	16.70	16.10	6.40	16.10	16.70	17.80	2.40	18.50	21.60
	Cu	49.40	42.30	5.12	41.00	29.40	38.00	5.95	17.10	16.30
	Zn	132.00	86.80	49.50	94.10	83.70	86.70	21.00	159.00	193.00
	Ga	20.00	17.70	16.60	17.70	18.10	18.60	5.27	30.20	38.40
	Rb	146.00	125.00	100.00	98.50	102.00	105.00	47.90	147.00	177.00
	Sr	481.00	510.00	28.40	65.60	70.20	69.80	85.70	99.90	97.90
	Y	31.80	26.10	27.20	34.40	34.90	38.50	7.21	24.50	29.10
	Zr	135.00	119.00	198.00	235.00	231.00	233.00	111.00	491.00	479.00
	Nb	14.60	12.50	12.30	14.70	16.50	17.00	4.04	15.50	18.40
	Mo	14.30	5.94	0.28	0.81	0.54	0.53	0.38	0.74	0.65
	Cd	0.24	0.20	0.06	0.17	0.10	0.11	0.03	0.15	0.10
	Sn	3.75	3.33	2.37	3.82	2.92	3.44	0.75	2.97	3.48
	Cs	8.42	9.07	5.36	4.56	4.71	4.74	0.82	5.72	6.39
	Ba	822.00	666.00	554.00	820.00	1 082	1 040	938.00	1 063	1 241
	La	40.10	33.70	30.60	37.00	37.90	39.60	12.50	34.20	41.50
	Ce	81.50	68.50	61.50	78.10	81.10	91.50	22.40	79.50	86.10
	Pr	8.94	7.63	7.18	8.77	8.74	9.34	2.62	6.61	7.96
	Nd	33.50	27.70	26.80	32.80	33.40	34.80	9.36	22.60	26.70
	Sm	6.44	5.18	5.43	6.77	6.57	7.35	1.65	4.26	4.98
	Eu	1.20	1.11	1.33	1.41	1.44	1.59	0.58	1.10	1.34
	Gd	5.39	4.39	4.56	5.65	5.67	6.40	1.34	3.51	4.23
	Tb	0.83	0.70	0.75	0.92	0.93	1.03	0.20	0.59	0.70

续表 5 -1

剖面名称		牛蹄塘组泥岩剖面(4)		南沱组冰碛泥岩剖面(5)				莲沱组砂岩剖面(6)		
样号		4R	4AB	5R	5A	5B	5C	6R	6A	6C
样品性质		基岩	AB层土	基岩	A层土	B层土	C层土	基岩	A层土	C层土
微量元素(ug/g)	Dy	5.03	4.31	4.75	5.65	5.68	6.38	1.07	3.89	4.60
	Ho	1.02	0.85	0.94	1.10	1.15	1.24	0.20	0.84	1.00
	Er	2.83	2.40	2.69	3.33	3.40	3.64	0.61	2.64	3.11
	Tm	0.41	0.37	0.42	0.50	0.49	0.53	0.10	0.41	0.50
	Yb	2.69	2.36	2.74	3.23	3.35	3.55	0.67	2.88	3.42
	Lu	0.41	0.36	0.42	0.49	0.49	0.53	0.10	0.47	0.53
	Hf	3.64	3.24	5.15	6.01	6.02	5.95	2.77	11.90	11.80
	Ta	1.03	0.90	0.81	0.96	1.07	1.11	0.25	0.92	1.10
	Tl	1.95	1.72	0.34	0.48	0.48	0.47	0.28	0.83	0.99
	Pb	16.50	17.90	3.02	25.70	19.00	20.20	9.22	27.40	26.30
	Th	13.80	12.50	8.97	10.90	11.00	11.20	3.07	12.70	17.00
	U	7.51	4.48	1.19	2.01	2.06	2.07	0.46	2.36	2.53
同位素	$^{87}Sr/^{86}Sr$	0.714 602	0.713 058	0.723 759	0.734 529	0.736 540	0.737 568	0.739 043	0.739 300	0.744 513
	$2\sigma_m(10^{-6})$	4	5	5	10	10	6	7	9	6
	Rb/Sr	0.30	0.25	3.52	1.50	1.45	1.50	0.56	1.47	1.80
	$^{87}Rb/^{86}Sr$	0.879	0.710	10.201	4.359	4.206	4.365	1.620	4.258	5.240
	$(^{87}Sr/^{86}Sr)_0$	0.707 794	0.707 560	0.621 855	0.690 988	0.694 528	0.693 963	0.721 694	0.693 713	0.688 414
	$^{143}Nd/^{144}Nd$	0.511 915	0.511 916	0.512 276	0.512 072	0.512 088	0.512 119	0.511 407	0.511 623	0.511 554
	$2\sigma_m(10^{-6})$	2	1	4	1	1	2	2	1	2
	Sm/Nd	0.19	0.19	0.20	0.21	0.20	0.21	0.18	0.19	0.19
	$^{147}Sm/^{144}Nd$	0.116 3	0.103 0	0.122 6	0.124 6	0.118 9	0.127 5	0.106 7	0.113 9	0.112 7
	$(^{143}Nd/^{144}Nd)_0$	0.511 501	0.511 514	0.511 714	0.511 500	0.511 542	0.511 534	0.510 882	0.511 063	0.511 000
	$T_{DM}(Ga)$	1.93	1.86	1.46	1.84	1.70	1.82	2.47	2.32	2.40

备注：1. 主量元素为 ICP - MS 分析结果；2. $^{87}Rb/^{86}Sr$ 和 $^{147}Sm/^{144}Nd$ 比值据样品 $^{87}Sr/^{86}Sr$、$^{143}Nd/^{144}Nd$ 比值及 Rb、Sr 和 Sm、Nd 含量计算；3. $(^{87}Sr/^{86}Sr)_0$ 和 $(^{143}Nd/^{144}Nd)_0$ 分别为样品的初始同位素比值，其计算公式为 $^{87}Sr/^{86}Sr - ^{87}Rb/^{86}Sr \times (e^{(0.000\ 014\ 2t)} - 1)$ 和 $^{143}Nd/^{144}Nd - ^{147}Sm/^{144}Nd \times (e^{(0.000\ 006\ 54t)} - 1)$，南华纪莲沱组地层剖面 T 取值为 750Ma，南沱组地层剖面 T 取值为 700Ma，灯影组地层剖面 T 取值为 630Ma，寒武纪牛蹄塘组地层剖面 T 取值为 543Ma，年龄值的选取参考文献(薛耀松等，2001；章森桂和严惠君，2005)；4. 亏损地幔现代值取 $^{143}Nd/^{144}Nd = 0.513\ 15$，$^{147}Sm/^{144}Nd = 0.213\ 7$；$T_{DM}$ 的计算公式为 $152.9 \times \ln[1 + (0.513\ 15 - ^{143}Nd/^{144}Nd)/(0.213\ 7 - ^{147}Sm/^{144}Nd)]$。

(5)沉积岩风化过程中，碳酸盐岩和泥质岩形成的风化土壤基本保持了原岩的 Sm - Nd 同位素组成特点，由其组成所获得的 Nd 同位素亏损地幔模式年龄等能反映其原岩信息，而近源沉积形成的砂岩和含砾冰碛泥岩所形成的土壤，其 Nd 同位素组成则存在不同程度的改变(图 5 - 3)。

第五章 教学与科研成果简介 43

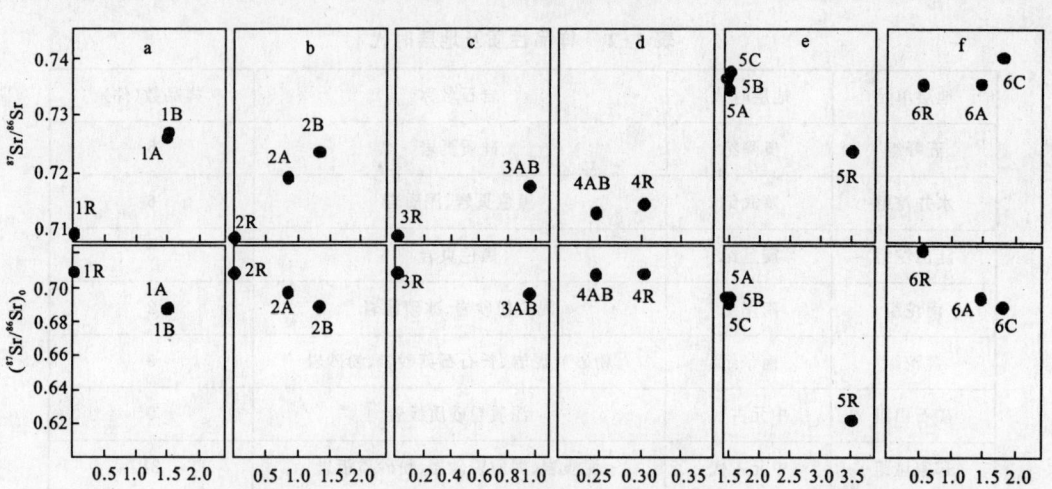

图 5-2 峡东地区南华纪—寒武纪地层风化剖面风化过程中 Sr 同位素特征图解

（张永清等，2008）

a. 灯影组灰岩风化剖面；b. 灯影组白云质灰岩风化剖面；c. 牛蹄塘组灰岩风化剖面；d. 牛蹄塘组泥岩风化剖面；
e. 南沱组冰碛泥岩风化剖面；f. 莲沱组砂岩风化剖面；R 和 A、B、C 分别为风化剖面基岩和对应的 A、B、C 层土壤

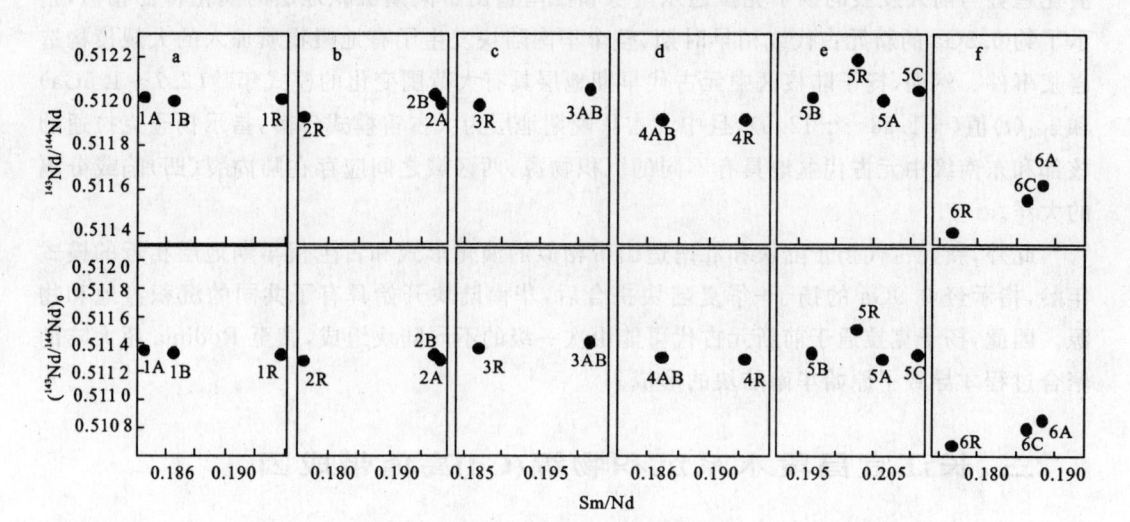

图 5-3 峡东地区南华纪—寒武纪地层风化剖面风化过程中 Sr 同位素特征图解

（图例同图 5-2，张永清等，2008）

二、扬子克拉通核部中元古代—古生代沉积地层 Nd 同位素演化特征及其地质意义

扬子克拉通陆核位于湖北西部宜昌和神农架地区，区内出露了前寒武纪早期结晶基底和较完整的元古宙—显生宙沉积盖层。白晓等（出版中）报道了对区域内中元古代至早古生代沉积地层细粒沉积岩开展系统的 Nd 同位素地球化学研究的结果（表 5-2，图 5-4）。

表 5-2　样品性质及地层时代

地层单元	地层时代	岩石名称	样品数(件)
五峰组	奥陶纪	硅质页岩	5
水井沱组	寒武纪	黑色页岩、泥质岩	6
陡山沱组	震旦纪	黑色页岩	8
南沱组	南华纪	泥质粉砂岩、冰碛泥岩	2
莲沱组	南华纪	粉砂质泥岩、长石石英砂岩、粉砂岩	3
矿石山组	中元古代	泥质粉砂质板岩	9
郑家垭组	中元古代	泥质岩、泥质粉砂岩、粉砂质板岩	21

从中元古代晚期经新元古代南华纪至古生代奥陶纪,研究区沉积地层的 Nd 同位素模式年龄显示了由 2.8～2.5Ga 经 1.7～1.5Ga 至 2.1～1.8Ga 的"V"字形演化,相应的 $\varepsilon_{Nd}(t)$ 值发生了由低(-11 至-14)经峰值(-1.1～-5.3)至新低值(-7.9～-9.9)的变化。该演化趋势与前人发表的扬子克拉通东南缘和江南造山带同期沉积地层的演化特征相似,指示了约 0.8Ga 的新元古代或稍早时期,整个华南陆块发生了有地幔物质加入的大规模构造岩浆事件。然而,扬子陆核区中元古代早期地层具有大范围变化的模式年龄(2.7～1.5Ga)和 $\varepsilon_{Nd}(t)$ 值(+1.38～-12.0),且中元古代晚期地层为太古宙模式年龄,指示扬子克拉通的核部和东南缘中元古代盆地具有不同的沉积物源,两区域之间应存在陆内裂(凹)陷或分隔的大洋。

此外,新元古代扬子陆块和江南造山带相似的演化形式和古生代早期地层相近的模式年龄,指示经 0.9Ga 的扬子-华夏陆块拼合后,华南陆块开始具有了共同的沉积盆地和物源。因此,扬子克拉通于前新元古代可能由次一级的不同陆块组成,直至 Rodinia 超大陆的聚合过程才导致了原始华南陆块的形成。

三、长江宜昌段水系沉积物镉(Cd)高值带成因

研究区位于湖北省宜昌市,上起巴东,下至宜昌,包括兴山、秭归等县市。地质构造的总体轮廓是中东部为黄陵背斜,西部为秭归盆地。夏锦霞等(2009)应用贡献因子和富集因子等方法对长江宜昌段水系沉积物 Cd 的来源进行了研究(表 5-3)。

由表 5-3 可知,各时代地层水系沉积物中 Cd 的平均含量差异较大。侏罗系水系沉积物的 Cd 丰度最小,为 0.15×10^{-6},前震旦系次之,为 0.18×10^{-6},泥盆系和二叠系水系沉积物中 Cd 的丰度相比其他地层要高,分别为 0.65×10^{-6}、0.66×10^{-6},震旦系中水系沉积物的 Cd 平均质量分数最高,为 0.79×10^{-6}。震旦系、二叠系和泥盆系这 3 个地层水系沉积物中 Cd 的平均质量分数均高于区域水系沉积物 Cd 平均质量分数(0.21×10^{-6}),可能对长江宜昌段冲积带 Cd 高值带的形成起了重要作用。震旦系、泥盆系和二叠系异常样品数占全体样品的比例分别为 52.5%、69.0% 和 86.5%。依据镉的平均含量与中位数之间的关系和

第五章　教学与科研成果简介　　45

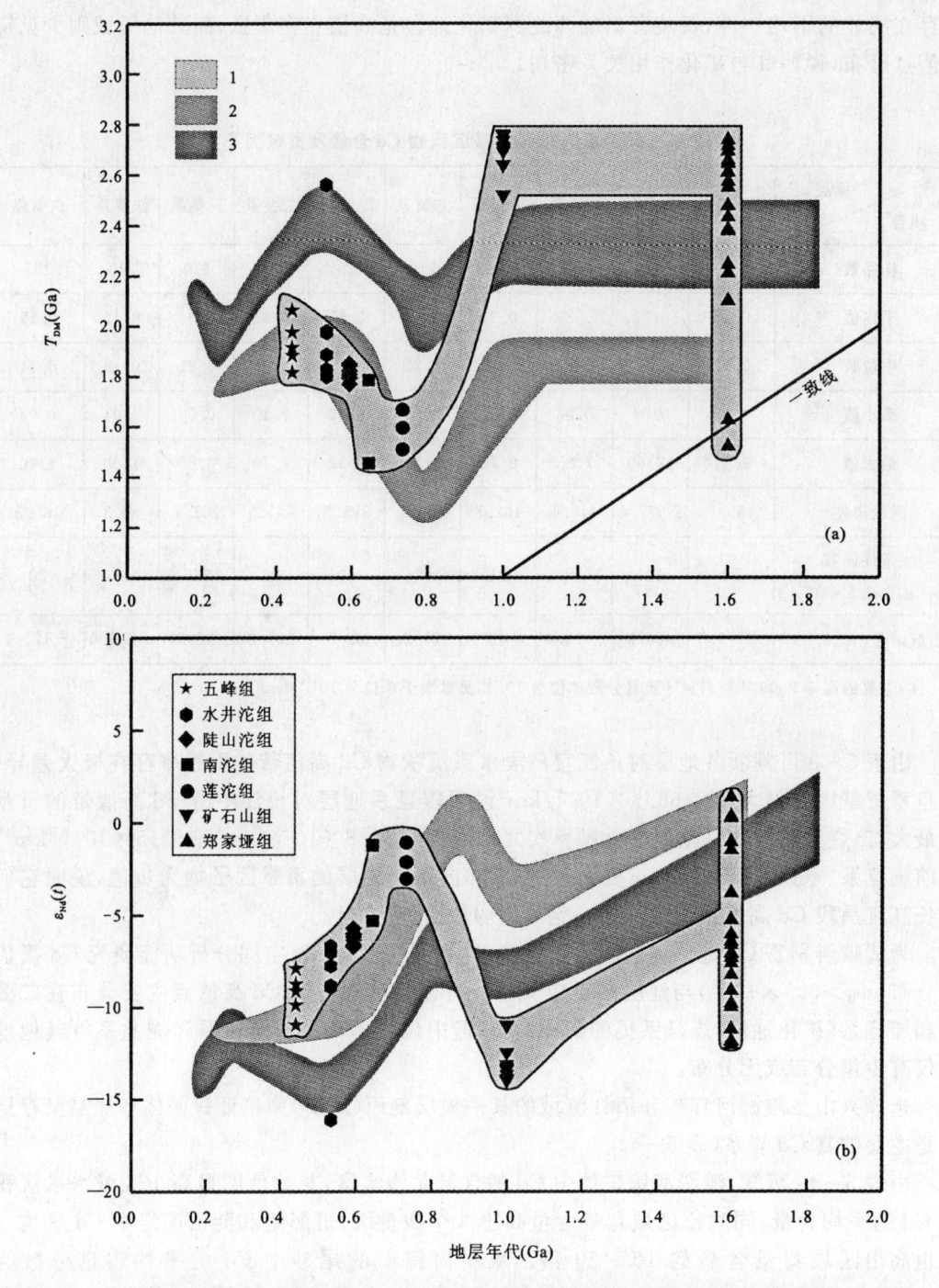

图 5 - 4　扬子核部神农架—黄陵地区中元古代—古生代地层 Nd 同位素模式年龄(a)和 $\varepsilon_{Nd}(t)$ 值(b)
随时间演化趋势图,图中同时显示了扬子克拉通东南缘(Li et al. ,1996)和江南造山带(**沈渭洲等**,2003)
同时代地层演化关系

图例:1.本书;2. Li et al.(1996);3.沈渭洲等(2003)(白晓等,出版中)

异常样品占全体样品的比例及高值点的空间分布特征,可判断二叠系整体富镉,震旦系镉分布存在明显的不均一性,黄陵背斜的西北翼矿化地段是高值点密集区,而其他区域则少见镉高值点分布,说明其与矿化作用关系密切。

表 5-3　研究区各地层水系沉积物 Cd 含量及贡献因子

项目 \ 地层	前震旦系	震旦系	寒武系	奥陶系	志留系	泥盆系	二叠系	三叠系	侏罗系	白垩系
样品数	526	238	410	154	210	58	111	670	210	253
平均值	0.18	0.79	0.29	0.23	0.32	0.65	0.66	0.30	0.15	0.19
中位数	0.12	0.31	0.22	0.21	0.22	0.43	0.66	0.21	0.12	0.14
最小值	0.02	0.06	0.06	0.09	0.02	0.05	0.10	0.04	0.04	0.03
最大值	2.11	32.60	7.85	0.78	3.80	7.32	4.79	3.60	1.00	1.40
标准离差	159.7	2 877.4	445.4	102.7	418.8	993.5	645.5	261.7	96.3	165.3
异常样品数 $[w(\text{Cd}) \geqslant 0.3 \times 10^{-6}]$	50	125	98	21	71	40	96	146	11	20
贡献因子($\times 10^{-6}$)	-273.5	466.5	-16.4	-43.1	25.2	83.5	239.8	-80.4	-126.0	-121.4

注:据夏锦霞等 2009 年资料;Cd 质量分数单位为 10^{-6},贡献因子单位为 $10^{-6}/\text{km}^2$。

由表 5-3 可判断各地层对长江宜昌段水系沉积物 Cd 高值带的贡献率存在极大差异,震旦系贡献因子最大,为 $466.5 \times 10^{-6}/\text{km}^2$ 说明震旦系地层对长江中游 Cd 高值带的贡献率最大,二叠系和泥盆系地层的贡献率次之,分别为 $239.8 \times 10^{-6}/\text{km}^2$ 和 $83.5 \times 10^{-6}/\text{km}^2$。而前震旦系、寒武系、奥陶系、三叠系、侏罗系和白垩系地层的贡献因子均为负值,说明它们对长江宜昌段 Cd 高值带的形成有一定的削弱作用。

为清晰辨别富 Cd 地层的空间分布规律,笔者应用 MapGis 空间分析功能研究 Cd 高值点分布($w_B > 0.3 \times 10^{-6}$)与地层的对应关系。可以清晰地看出 Cd 高值点主要分布在二叠系和震旦系(矿化地段,震旦系镉的平均值高,但中位数不高)上,志留系和泥盆系等其他地层仅有少量分布或无分布。

选择兴山县滩淤河锌矿和清江流域的某一地层剖面(煤矿)来论证锌矿体和煤层赋存层系是主要的富 Cd 岩系(表 5-4)。

由表 5-4 可知,滩淤河锌矿体中 Cd 的含量尤为丰富,其数值明显高于区域水系沉积物 Cd 的平均含量,同时比区域背景含量高出 3 个数量级;灯影组和陡山沱组中 Cd 平均含量也高出区域背景含量的 10~20 倍。滩淤河锌矿的尾砂中 Cd 的平均质量分数为 256.4×10^{-6},大大高于国家一级土壤安全标准(0.3×10^{-6}),也高于研究区域水系沉积物的平均质量分数(0.21×10^{-6})。滩淤河锌矿尾砂中 Ag、As、Cu、Hg、Zn 等有毒重金属元素也出现了极大值,严重超出了国家一级土壤安全标准。加之区域内部分选矿厂建在河边,选矿过程中产生的矿渣、尾砂和酸性水,被直接排放到水体中,使水系沉积物中的 Cd、Ag、As、Cu、Hg、Zn 等重金属元素含量明显增加。二叠系煤矿中 Cd 的含量丰富,比区域水系沉积物中 Cd 的平均含量、区域水系沉积物背景含量均高出 3 个数量级；二叠系中 Cd 的平均含量也高出区域地层背景含量的 2.5 倍。和滩淤河锌矿一样，在含煤层及其围岩中出现了 Ag、As、Cu、Mo、Hg、Pb、Zn 等重金属元素的综合异常，同样会污染下游水体、土壤和农作物。此外，宜昌地区磷矿的主要成分以磷灰石为主，其中富含大量 Ca，而 Cd 与 Ca 的化学性质相似，易发生类质同象交换，使得磷灰石中大量富集 Cd 元素。人类开采和利用磷矿资源，使磷矿出露地表面积加大，加快了原生磷矿的风化速度，地表风化磷矿较深部原生磷矿 Cd 含量高 1 倍。因此，地表风化的磷矿是宜昌段 Cd 高值带的另一个重要来源。同样煤矿的开采也会造成水系沉积物中 Cd 等重金属元素含量的增加。

表 5-4　滩淤河锌矿和清江煤矿及重要地层基岩中主要金属元素含量　　　$(w_B/10^{-6})$

地区	地层	样品数/个	Ag	As	Cd	Cu	Hg	Mo	Pb	Zn
滩淤河	陡山沱组	6	0.642	11.4	2.20	43.3	0.246	6.60	28.20	107.1
	锌矿体	7	4.616	103.7	1 579.20	456.3	25.549	5.20	684.30	152 265.7
	尾砂	3	3.041	16.0	256.40	40.6	4.125	1.40	127.00	22 255.2
	灯影组	54	0.044	1.4	3.60	4.4	0.100	0.20	11.77	165.4
清江	二叠系	47	0.074	4.3	0.50	10.5	0.036	6.30	6.30	21.3
	煤	4	0.269	17.9	67.10	64.4	0.291	147.90	14.80	514.5
	三叠系	34	0.051	2.6	0.06	10.4	0.013	0.30	3.90	15.9
背景	研究区域水系沉积物平均含量	2 671	0.083	9.0	0.21	26.1	0.067	1.18	26.20	87.5
	前震旦系水系沉积物平均含量	570	0.065	5.3	0.20	29.3	0.046	0.62	23.50	81.7

注：据夏锦霞等，2009。

结果表明：研究区内地层对宜昌段水系沉积物 Cd 的贡献由大到小依次为震旦系＞二叠系＞泥盆系＞志留系；前震旦系、寒武系、奥陶系、三叠系、侏罗系和白垩系地层则对长江宜昌段 Cd 高值带的形成有一定的削弱作用。利用贡献因子、富集因子和 MapGis 空间分析综合研究表明，震旦系和二叠系含矿富 Cd 地层的风化产物是长江宜昌段 Cd 高值带的主要自然来源。区内锌矿、煤矿和磷矿开采过程中的尾砂、废水的堆积和排放是长江宜昌段 Cd 高值带的重要人为污染源。

致谢　中国地质大学地球科学学院高永娟博士和马倩、张亚男同学为本指导书的编制承担了部分图件绘制和基础地质资料的整理工作，特此致谢。

主要参考文献

陈超,谢发鹏.白果园黑色页岩型银钒矿床[J].矿床地质,1986(1):53-62

储雪蕾,Wolfgang Todt,张启锐,等.南华系—震旦系界线的锆石 U-Pb 年龄[J].科学通报,2005,50(6):600-602

冯定犹,李志昌,张自超.黄陵花岗岩类岩基南部岩体侵入时代和同位素特征[J].湖北地质,1991,5(2):1-12

高山,Yumin Qiu,凌文黎,等.崆岭高级变质地体单颗粒锆石 SHRIMP U-Pb 年代学研究——扬子克拉通>3.2Ga 陆壳物质的发现[J].中国科学(D 辑),2001,31(1):27-35

胡艳华,周继彬,宋彪,等.中国湖北宜昌王家湾剖面奥陶系顶部斑脱岩 SHRIMP 锆石 U-Pb 定年[J].中国科学(D 辑),2008,38(1):72-77

湖北省地质矿产局.湖北省区域地质志[M].北京:地质出版社,1990

焦文放,吴元保,彭敏,等.扬子板块最古老岩石的锆石 U-Pb 年龄和 Hf 同位素组成[J].中国科学(D 辑),2009,39(7):972-978

雷义均,伍齐学,刘圣德.鄂西震旦系灯影组白鸡河锌矿床地质特征及成因探讨[J].华南地质与矿产,2007(3):37-42

李福喜.黄陵断隆北部崆岭群地质时代及其地层划分[J].湖北地质,1987,1(1):28-41

凌文黎,高山,程建萍,等.扬子陆核与陆缘新元古代岩浆事件对比及其构造意义——来自黄陵和汉南侵入杂岩 ELA-ICPMS 锆石 U-Pb 同位素年代学的约束[J].岩石学报,2006,22(2):387-396

凌文黎,高山,郑海飞,等.扬子克拉通黄陵地区崆岭杂岩 Sm-Nd 同位素地质年代学研究[J].科学通报,1998,43(1):86-89

刘成新,毛新武,魏运许,等.神农架群地层层序初探[J].资源环境与工程,2004,18(增刊):5-16

刘圣德,廖宗明,李方会.湖北兴山白鸡河锌矿成因分析[J].资源环境与工程,2009(1):7-12

马大铨,杜绍华,肖志发.黄陵花岗岩基的成因[J].岩石矿物学,2002,21(2):151-161

马国干,李华芹,张自超.华南地区震旦纪时限范围的研究[J].宜昌地质矿产研究所,1984(8):1-29

彭敏.扬子板块古元古代岩浆事件年龄及其地质意义[D].硕士学位论文,武汉:中国地质大学(武汉),2010

冉瑞生,赵小明.湖北宜昌磷矿新工业磷矿层(Ph-2~1)的特征及其地质意义[J].地质找矿论丛,2008(4):320-324

沈渭洲,于津海,赵蕾,等.南岭东段后太古宙地层的 Sm-Nd 同位素特征与地壳演化[J].科学通报,2003,48(16):1 740-1 745

夏锦霞,李方林,杨东.长江宜昌段水系沉积物镉高值带成因[J].吉林大学学报(地球科学版),2009(2):305-311

熊庆,郑建平,余淳梅,等.宜昌圈椅埫 A 型花岗岩锆石 U-Pb 年龄和 Hf 同位素与扬子大陆古元古代克拉通化作用[J].科学通报,2008,53(22):2 782-2 792

杨刚忠,廖宗明,李方会,等.宜昌磷矿北部地区中磷层(Ph-2)地质特征及富矿带展布.资源环境与工程,2008(4):406-411

宜昌地质矿产研究所.长江三峡地层参观指南[M].北京:地质出版社,1987

尹崇玉,唐烽,柳永清,等.长江三峡地区埃迪卡拉(震旦)系锆石 U-Pb 新年龄对庙河生物群和马雷诺冰期时限的限定[J].地质通报,2005,24(5):393-400

袁海华,张志兰.直接测定颗粒锆石 $^{207}Pb/^{206}Pb$ 年龄的方法[J].矿物岩石,1991,11(2):72-79

张乾,董振生,战新志.鄂西白果园黑色页岩型银钒矿床地球化学特征[J].矿物学报,1995(2):185-191

张永清,凌文黎,李方林.峡东地区南华纪—寒武纪地层风化过程元素及 Sr-Nd 同位素演化特征及其地球化学意义[J].地球科学——中国地质大学学报,2008,33(3):301-312

Barfod G H, Albarède F, Knoll A H, et al.. New Lu-Hf and Pb-Pb age constraints on the earliest animal fossils[J]. Earth Planet Sci Lett, 2002,201:203-212

Knoll A H, Xiao S H. On the age of the Doushantuo Formation[J]. Acta Micropalaeontol Sin,1999,16:225-236

Li X H, McCulloch M T. Secular variation in the Nd isotopic composition of Neoproterozoic sediments from the southern margin of the Yangtze Block: evidence for a Proterozoic continental collision in southeast China[J]. Precambrian Res, 1996,76:67-76

Li Z X, Evans D A D, Zhang S. A 90° spin on Rodinia: possible causal links between the Neoproterozoic supercontinent, superplume, true polar wander and low-latituede glaciation[J]. Earth Planet Sci Lett, 2004,220:409-421

Sun W H, Zhou M F, Yan D P, et al.. Provenance and tectonic setting of the Neoproterozoic Yanbian Group, western Yangtze Block (SW China)[J]. Precambrian Res, 2008,167:213-236

Zhang S B, Zheng Y F, Wu Y B, et al.. Zircon U-Pb age and Hf isotope evidence for

3.8 Ga crustal remnant and episodic reworking of Archean crust in South China[J]. Earth Planet Sci Lett, 2006, 252: 56 - 71

Zhang S B, Zheng Y F, Zhao Z F, et al.. Origin of TTG - like rocks from anatexis of ancient thickened crust: Geochemical evidence from Neoproterozoic granitoids in South China[J]. Lithos, 2010, 102: 138 - 157